Crashkurs Change Management

Heike Pröbstl

Crashkurs Change Management

Transformation erfolgreich gestalten

1. Auflage

Haufe Group
Freiburg · München · Stuttgart

Bibliografische Information der Deutschen Nationalbibliothek

Die Deutsche Nationalbibliothek verzeichnet diese Publikation in der Deutschen Nationalbibliografie; detaillierte bibliografische Daten sind im Internet über http://dnb.dnb.de/ abrufbar.

Print: ISBN 978-3-648-16785-4 Bestell-Nr. 10870-0001
ePub: ISBN 978-3-648-16786-1 Bestell-Nr. 10870-0100
ePDF: ISBN 978-3-648-16787-8 Bestell-Nr. 10870-0150

Heike Pröbstl
Crashkurs Change Management
1. Auflage, Januar 2023

www.haufe.de
info@haufe.de

Bildnachweis (Cover): ©Drazen_, iStock.

Produktmanagement: Kerstin Erlich
Lektorat: Juliane Sowah

Inhaltsverzeichnis

Einleitung

Die Unternehmenswelt steht derzeit immens unter Veränderungsdruck und wandelt sich permanent. Während zahlreiche Unternehmen um ihre Marktpositionierung kämpfen und bangen, ergreifen andere die Chance und etablieren sich mit neuen Ideen und Geschäftsmodellen. So gilt es Krisen zu überstehen, die Zukunftsfähigkeit zu sichern sowie keinesfalls den Anschluss zu verlieren und gleichzeitig neue Marktchancen zu identifizieren und zu nutzen. Neuausrichtung und Umdenken haben Hochkonjunktur und globale, lokale sowie unternehmensspezifische Auslöser sorgen für anspruchsvolle Komplexität. Und wäre dies nicht schon genug, kommt ein zunehmender Paradigmenwechsel aufgrund persönlicher und gesellschaftlicher Bedürfnisse der Mitarbeitenden nach Sinn, Werten, Authentizität und Selbstverantwortung hinzu. Dies hat Anfang 2021 – zunächst in den USA, zunehmend auch in Europa – eine Welle der Great Resignation in Bewegung gesetzt, ein gesellschaftlicher Trend, bei dem eine Vielzahl der Beschäftigten plant, sich beruflich zu verändern und dafür das aktuelle Arbeitsverhältnis kündigt. Vor dem Hintergrund des andauernden und nicht absehbaren Mangels an gut ausgebildeten Fachkräften bedeutet dies eine Verschärfung so mancher betrieblichen Notlage – bereits offensichtlich oder in Anbahnung. In der Praxis ist der Handlungsdruck für Unternehmen und das Management daher häufig bereits so groß geworden, dass sich die Themen, wie Marktveränderungen im Hinblick auf Beschaffungsquellen, aber auch Verbraucherbedürfnisse, Umsatzeinbrüche, Investitionsbedarf bei nicht ausreichend Zeit und Budget, schwindende Arbeitgeberattraktivität und damit verbundener Personalverlust oder ein Mangel am notwendigen positiven Schwung aufgestaut haben und zu explodieren drohen. Ein Eingreifen wirkt überfällig. Dabei lautet die entscheidende Frage: Wie und mit welchen Maßnahmen? Denn ein Mehr vom Bisherigen, d. h. dieselben Management-, Geschäfts- und Führungsstrategien, scheinen nicht mehr zu funktionieren. So beginnt die Suche nach neuen Ideen und Ansätzen, um nach wie vor am Markt existieren zu können beziehungsweise erfolgreich zu sein, oftmals notgedrungen. Hinter verschlossenen Türen sind Ratlosigkeit und verzweifeltes Schulterzucken eine der möglichen Reaktionen. Unternehmen und deren Akteure, die solche Phasen nicht als Bedrohung, sondern als Chance betrachten und es geschafft haben, ihre Mitarbeiterschaft souverän auch durch unruhige Zeiten zu führen, können von alledem profitieren. Neues, innovatives unternehmerisches Denken und Handeln sind daher notwendig. Eines ist dabei allen klar: Eine Kopf-in-den-Sand-Strategie wird nicht zur Lösungsfindung beitragen und so beginnt die Suche nach einem geeigneten Vorgehen sowie sinnvollen Maßnahmen, um die Weichen in Richtung Erfolg neu zu stellen. Die rettende Kurskorrektur muss ebenso zukunftsfähig sein und kurzfristige Erfolge aufzeigen können, denn wirtschaftliche Anforderungen lassen keine Zeit für ein Verweilen im Negativstrudel. Die drängenden Probleme verlangen nach situationsspezifischen Lösungen und einem praktischen Veränderungsplan. Spätestens jetzt kommt das Change Management auf die Bühne des Geschehens, denn es kann dazu beitragen, die Zukunftsfähigkeit eines Unternehmens durch zielgerichtete Begleitung und Steuerung entscheidend mitzugestalten.

Change Management bedeutet die professionelle Begleitung der Mitarbeitenden sowie des Managements in betrieblichen Veränderungsprozessen. Dabei muss von Anfang an klar sein, dass es keine Blaupause für *den* Weg zum Erfolg gibt, sondern viele Pfade und Anwendungsmöglichkeiten existieren, die immer abhängig vom jeweiligen Kontext, also der Ausgangssituation mit allen Gegebenheiten, Beteiligten und der Zielsetzung sind. Einige Vorgehensweisen, die für den Umgang mit veränderungsbedingten Herausforderungen, wie Verkäufen, Zukäufen, Auslagerungen sowie auch längerfristigen Transformationen, zum Beispiel eine Kulturveränderung, geeignet sind, stellt dieses Buch vor. Auf überschaubare und greifbare Weise werden zunächst grundlegende Erkenntnisse zum Change Management vermittelt (Kapitel 1). Es werden Zusammenhänge und Wirkmechanismen aufgezeigt (Kapitel 2) sowie Erfolgsfaktoren analysiert und erklärt (Kapitel 3). In Kapitel 4 wird eine Struktur zur Einordnung und Analyse der einspielenden und zu berücksichtigenden Faktoren sowie zum praktischen Vorgehen, das heißt der Planung von Change Management und dessen Umsetzung, vorgestellt und es wird – weil es kein Change-Vorhaben ohne Hürden und Hindernisse gibt – betrachtet, wie diese frühzeitig erkannt und deren Ausmaß kleingehalten werden kann. Des Weiteren wird darauf eingegangen, wie Kompetenzen für Veränderungssituationen entwickelt werden können. Letztendlich werden einzelne im Verlauf bereits vorgestellte Vorgehensweisen und Ansätze in einem Praxisbeispiel kombiniert und aufgezeigt, dass erfolgreiches Change Management ein Zusammenspiel aus vielen Faktoren ist (Kapitel 5). Abgerundet wird mit Tipps für die Praxis, sodass der Leser das Wichtigste noch einmal komprimiert reflektieren kann (Kapitel 6). Die vermittelten Inhalte stehen dabei bewusst nebeneinander, greifen ineinander und können flexibel kombiniert sowie angewendet werden. So entsteht ein eigener Werkzeugkoffer aus favorisierten Ansätzen, Methoden und Interventionen – denn wer die Herausforderung der Veränderung annimmt und Unternehmen sowie deren Beteiligte (Mitarbeitende, gegebenenfalls auch Geschäftspartner und Lieferanten) durch bewegte Zeiten begleitet, hat eine verantwortungsvolle Aufgabe, für die innovative Lösungswege notwendig sind. Werden diese beschritten, bieten Veränderungen ein enormes Potenzial sowie Chancen für eine erfolgreiche unternehmerische Zukunft – und desto mehr Sicherheit, Freude und Erfolg werden auch die Verantwortlichen, Lenkenden und Begleitenden bei der Planung und Anwendung des Change Managements haben.

Hinweis: Aus Gründen der besseren Lesbarkeit wird auf die gleichzeitige Verwendung der Sprachformen männlich, weiblich und divers (m/w/d) verzichtet. Sämtliche Personenbezeichnungen gelten gleichermaßen für alle Geschlechter.

1 Grundlagen im Change Management

Change Management beschäftigt mittlerweile fast alle Unternehmen und deren Beteiligte. Ob Management, Führungskräfte, Mitarbeitende, Change-Experten – alle haben sie offensichtlich in irgendeiner Weise damit zu tun, als aktiv Steuernde oder Mitbewegte. So hat sich *das* Change Management in den Sprachgebrauch der Unternehmenswelt integriert. Doch was ist unter dieser als Veränderungsmanagement übersetzbaren Wortkombination genau zu verstehen? Und welchen Einfluss kann Change Management auf eine Unternehmenskultur nehmen? Weshalb lösen Veränderungen Emotionen aus? Und last, but not least: Wer kann hierbei als Experte weiterhelfen? Diese und weitere Aspekte werden zu Beginn und für einen Einstieg in das Thema Change Management betrachtet. Sie gehören zur Informationsgrundausstattung und werden sicherlich bereits so manches Fragezeichen auflösen können.

1.1 Change Management – eine Begriffsklärung

Der Begriff *Change Management* erfährt eine breit gefächerte Verwendung – häufig im Zusammenhang mit *Veränderung, Wandel* oder *Transformation*. Ebenso fließen die Begriffe *Agilität* oder *Agil-Werden* ein – allerdings ohne eine einheitliche und allgemeingültige Auffassung zu deren Bedeutung und den notwendigen Voraussetzungen. Um jedoch in der praktischen Anwendung Missverständnisse zu vermeiden, ist ein einheitliches Verständnis wichtig. Nur wenn alle Beteiligten wissen, was konkret gemeint ist und wohin die Reise gehen soll, können sie am selben Strang ziehen. Für ein grundlegendes Verständnis der Zusammenhänge dieses spannenden Themas ist es darüber hinaus auch hilfreich, den Ursprung des Change Managements zu kennen und zu verstehen.

Die Wurzeln des heutigen Change Managements

Das heutige Change Management basiert zu einem großen Teil auf den Konzepten und Theorien zur Organisationsentwicklung (Schreyögg, 1999; Doppler & Lauterburg, 2019), für die unter anderem der Sozialpsychologe Kurt Lewin in den 1940er-Jahren die Fundamente grundlegend mitgestaltet hat. Sein zu diesem Zeitpunkt entwickeltes Drei-Phasen-Modell der Veränderung (Kapitel 4.2.3), welches sich mit dem Ablauf eines geplanten Wandels auseinandersetzte, hat einen entscheidenden Beitrag geleistet. Lewin ging von einem mangelhaften Zustand aus, den es zu verändern gilt und der nach erfolgreicher Umsetzung so beibehalten und fortgeführt wird. Schon hier wird deutlich, dass sein Modell nicht mehr allzu viel mit der beschriebenen aktuellen Dynamik in Wirtschaft und Gesellschaft zu tun hat. Daher dient es heute in der Regel nicht mehr als praktisches Anwendungsmodell, jedoch zusammen mit weiteren Erkenntnissen von Lewin als wichtige Basis des Veränderungsmanagements sowie als

Verständnismodell. Wer sich heute tiefergehend mit Change Management auseinandersetzt, sollte wissen, woher es kommt und welche Erkenntnisse eingeflossen sind.

Die Organisationsentwicklung ist also aus der Sozialwissenschaft heraus entstanden und steht insgesamt für einen geplanten Wandel auf gesamtorganisationaler Ebene (Werther & Jacobs, 2014). Mit der Zeit erfolgte die Weiterentwicklung der damaligen Ansätze in Anpassung an die aktuellen Anforderungen, wie wirtschaftlich geprägte Aspekte, Zeitknappheit, das plötzliche Auftreten von Veränderungsnotwendigkeiten und deren Ineinandergreifen. Folglich haben sich auch die Anforderungen an die professionelle Begleitung von Veränderungsvorhaben gewandelt: Drängende Gründe und kurzfristige Lösungsbedarfe haben zur Entwicklung des Change Managements beigetragen. Eine exakte Abgrenzung zwischen der Organisationsentwicklung und dem Change Management gibt es allerdings bis heute nicht – denn das Change Management bietet ebenso Lösungsmöglichkeiten für längerfristige Aufgabenstellungen, allerdings in der Regel nicht als Dauermaßnahme, sondern projektorientiert und als Startprozessbegleitung für eine danach eigendynamische sowie eigengesteuerte Fortsetzung im Unternehmen.

Die Zielsetzung kann umfassende Veränderungen der Unternehmensorganisation und der Geschäftsausrichtung sowie deren Strategien beinhalten. Damit geht auch die Veränderung von Einstellungen sowie Denk- und Verhaltensweisen der Beteiligten einher und somit ein Wandel der Unternehmenskultur. Zunehmend kann dabei nicht mehr von Anfang und Ende einer Veränderungsphase ausgegangen werden, sondern von parallelen und ineinandergreifend auftretenden, laufenden Prozessen. Des Weiteren kamen Gestaltungsvarianten hinzu, die es erlauben, auf Basis einer vorgegebenen Zielsetzung den Weg dorthin zu gestalten oder in einem kreativen Prozess ergebnisoffen zu beginnen und lediglich den Entwicklungsweg zu modellieren. Doch auch eine stark strukturierte und geplante Vorgehensweise in Phasen hat nach wie vor ihre Berechtigung, z. B., wenn ein klares Ziel vorhanden ist, ein Unternehmen und seine Belegschaft eher hierarchisch aufgestellt sind und strukturiertes Vorgehen erfolgversprechend ist.

Kompakt

Da niemals die Methode, sondern die Anforderungen, die Ausgangsbasis und die Intention vorrangig sind, muss die Methode immer der Zielsetzung folgen.

Begrifflich werden *Transformation* und *Wandel* für eher längerfristig orientierte und tiefgreifende Veränderungsprozesse verwendet, die Bezeichnung *Veränderung* hingegen ist bezogen auf Zeit und Inhalt eher neutral zu verstehen – ebenso das eingedeutschte Synonym *Change*. Eine klare Differenzierung ist allerdings kaum möglich. Es ist empfehlenswert, darauf zu achten, welche Begriffe zur Sprache des konkreten Unternehmens passen, denn wesentliche Erfolgshelfer im Change Management sind dessen sprachliche sowie inhaltliche Akzeptanz durch die Belegschaft. Daher gilt es zu hinterfragen, welches Verständnis mit den jeweiligen Begriffen verbunden wird, um diese gezielt zu verwenden. Im Rahmen dieses Buches werden die Begriffe *Veränderung*, *Transformation* und *Wandel* bei Bedarf differenziert, ansonsten synonym angewendet.

Kompakt

Möchte man Change Management möglichst einfach und umfassend beschreiben, lässt es sich als Vorgehensweise bezeichnen, mit deren Hilfe Veränderungen in Unternehmen zielgerichtet geplant, professionell und verständlich umgesetzt sowie nachhaltig integriert werden können.

Ansätze im Change Management

Ein Change-Management-Konzept kann verschiedenen Ansätzen folgen (Kapitel 4.2): dem *klassischen* Change Management, das in herkömmliche, eher statische sowie weiterentwickelte Ansätze unterteilt wird, dem *agilen* Change Management oder dem *hybriden*, wenn klassisches und agiles Vorgehen kombiniert werden (Abb. 1). Diese Struktur wird als roter Faden durch dieses Buch führen, unten stehend erläutert und in Kapitel 4.2.3 bis 4.2.5 werden exemplarisch entsprechende Modelle vorgestellt.

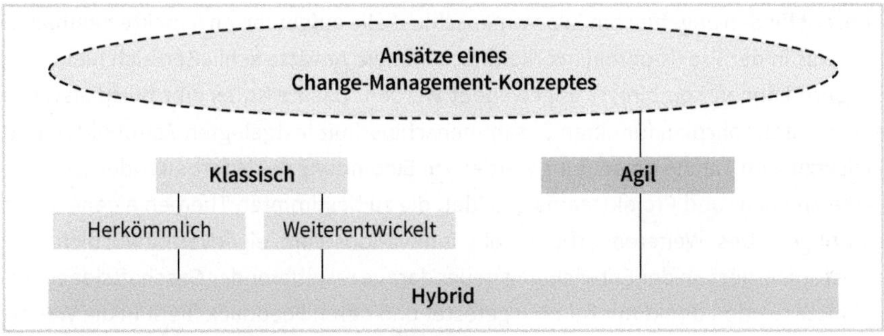

Abb. 1: Ansätze des Change Managements im Überblick

Im Bereich des klassischen Change Managements entspricht *herkömmliches Change Management* einem Ansatz, der von einem Anfang und einem Ende einer Veränderung ausgeht, zum Beispiel der Zusammenschluss eines Unternehmens, dessen Integration in einem gewissen Zeitplan ablaufen muss.

Weiterentwickeltes Change Management liefert Antworten auf Ausgangssituationen und Zielsetzungen, die mehr Flexibilität benötigen, das Expertenwissen der Mitarbeitenden genutzt werden soll, im Change-Prozess Anpassungen möglich sind und dabei ein Endziel feststeht. So sollen zum Beispiel aus dem genannten Unternehmenszusammenschluss Synergien entstehen, indem Teams zusammengelegt werden und eine gemeinsame Vorgehensweise entwickelt wird, um den Marktanteil in einem Produktbereich in einem vorgegebenen Zeitplan auszuweiten. Wie dies erreicht werden kann, ist jedoch noch nicht definiert und soll von den Beteiligten konzipiert werden.

Im *agilen Change Management* werden das Wissen und die Kompetenz aller Beteiligten aktiv genutzt. Es bedarf eines hohen Maßes an Einbringungswillen der Beteiligten und setzt auf deren diesbezügliche Bereitschaft. Oftmals wird an die Themen, die es zu lösen gilt, ergebnisoffen herangegangen, das heißt, der Fahrplan und dessen Details sowie Rollen werden von den Beteiligten ausgearbeitet, beispielsweise, wenn durch die Synergien eines Zusammenschlusses auch neue Geschäftsfelder entstehen sollen, diese jedoch noch nicht in ihrer Gesamtheit definiert sind. Ein crossfunktionales Team, bestehend aus Mitgliedern unterschiedlicher Organisationseinheiten und Aufgabenbereiche, entwickelt dann gemeinsam Ideen und testet diese in Pilotmodellen. Dabei werden neu entwickelte Servicedienstleistungen mit bestehenden Produktangeboten kombiniert, mit einem Pricing versehen, Zieladressen definiert und ein Rollout geplant und umgesetzt. Gesammelte Erfahrungswerte und Kundenfeedback werden direkt dazu genutzt, das Leistungsangebot zu adaptieren, auch unter aktiver und offener Einbindung der Kunden.

Werden klassische und agile Elemente gemeinsam angewendet, wird von *hybridem Change Management* gesprochen, beispielsweise, wenn das Change-Management-Konzept für den angeführten Zusammenschluss alle aufgeführten Aspekte beinhalten soll, was in der Praxis oftmals vorkommt, denn die Ansätze schließen sich nicht aus, sondern können kombiniert angewendet werden. Das heißt, es gibt beispielsweise einen festen Fahrplan für einen Zusammenschluss mit festgelegten Zeitpunkten und Zielsetzungen, für die Umsetzung werden zur Einbindung der Mitarbeitenden gemeinsame Themen- und Projektteams gebildet, die zu bestimmten Themen eigene Ideen einbringen. Des Weiteren arbeitet ein Innovationsteam eigenverantwortlich und selbstorganisiert an der Entwicklung neuer daraus resultierender Geschäftsideen. Ergebnisse werden direkt mit Kunden getestet und deren Feedback fließt in die Weiterentwicklung ein.

Die Begrifflichkeiten *klassisch herkömmliches*, *weiterentwickeltes* und *hybrides* Change Managements sind keine feststehenden Bezeichnungen. Sie dienen im Rahmen dieses Buches dazu, die Ursprünge sowie die Entwicklung des Change Managements aufzuzeigen und ermöglichen durch deren Einordnung und Strukturierung eine einfache Verständlichkeit der vielschichtigen Themen und Informationen. Etabliert ist mittlerweile der Begriff *agil*, allerdings im Change Management nicht durchgängig und in Ermangelung einer einheitlichen Definition. Auch hierauf wird im Verlauf (insbesondere in Kapitel 4.2.5) eingegangen.

Unter *Ansatz* ist eine Grundstruktur des Vorgehens zu verstehen. Eine *Methode* entspricht einem Verfahren, welches an anderer Stelle entwickelt und bereits erprobt wurde. Eine *Intervention* meint den kleinsten Schritt einer Interaktion mit einem bestimmten Beginn und Ende. Dies können beispielsweise Aktivitäten, Reaktionen, Fragetechniken, Metaphern sowie Mimik oder Gestik sein (Schein, 2000). Somit sind auch zur Anwendung kommende Methoden und Modelle eine Intervention, oftmals auch als Elemente, Maßnahmen, Formate oder Tools bezeichnet.

1.2 Evolutionär oder revolutionär – Auslöser für Veränderungen

Ereignisse von außen sind häufig Auslöser für Veränderungen, denn Märkte verändern sich rasend schnell, ebenso die Wettbewerbssituation, Kundenbedürfnisse, Trends, das Kundenverhalten sowie die wirtschaftlichen, rechtlichen und gesellschaftlichen Rahmenbedingungen. Insbesondere Krisen und Miseren haben hier enormen Einfluss. Kosten- und Wettbewerbsdruck sind oftmals die Resultate und führen zu Unternehmenszukäufen und -verkäufen, Zusammenschlüssen, Umstrukturierungen, Reorganisationen, Wachstumsinitiativen sowie sonstigen Verbesserungsinitiativen (Bohn & Crummenerl, 2015). Unternehmen, die den notwendigen Anpassungsbedarf frühzeitig identifizieren und vorausschauend darauf reagieren, haben einen entscheidenden Vorteil: Sie können selbst agieren, die notwendigen Gegebenheiten schaffen, Kompetenzen aufbauen und die Veränderung somit steuern.

Doch die Realität zeigt auch, dass schleichende Routinen oder das Hinausschieben von Veränderungsmaßnahmen nicht ohne Effekt bleiben. Je später reagiert wird, umso tiefgreifender in der Regel die notwendige Kurskorrektur. Aber auch erfolgreiche Unternehmen sind nicht davor gefeit, notwendige Kurskorrekturen oder einen kompletten Strategiewechsel anzugehen – denn wer sich des Erfolges zu sicher fühlt, läuft Gefahr, dass die Vergangenheit die Realität beschönigt und die Zeichen der Zeit nicht erkannt werden. Gleichermaßen gibt es Veränderungsanlässe, die immer weniger planbar erscheinen, da sie unvorhergesehen auftreten und Veränderungen zum neuen Normalzustand geworden sind.

Evolutionäre und revolutionäre Veränderungen

Wie stark sich eine Veränderungsmaßnahme letztendlich auswirkt, hängt von deren Ausmaß und Einwirkung auf ein bestehendes Unternehmenssystem und dessen Arbeitsabläufe sowie kulturelle Prägung ab. Erfolgt eine Umstellung mit lediglich geringfügigen Eingriffen, wird meist der Systemkern nicht oder kaum verändert und es genügt bereits eine moderate Anpassung. Die Ängste und Befürchtungen der Beteiligten halten sich daher in Grenzen. Diese Veränderungen werden als *evolutionär*, rational, normal oder als Wandel erster Ordnung bezeichnet. Beispielsweise kann dies der Fall bei längerfristigen Verbesserungen der Zusammenarbeit von Abteilungen oder dem Zukauf eines neuen Unternehmens sein, ohne grundlegenden Einfluss auf die Kernprozesse, allerdings mit Veränderungsbedarf an den konkret betroffenen Stellen. Auch eine längerfristige kulturelle Transformation oder eine moderate Veränderung von Arbeitsabläufen und eine Verbesserung der Zusammenarbeit gehören in diese Kategorie.

Tiefgreifende Veränderungen werden dagegen als *revolutionär*, radikal, transformational, als Paradigmenwechsel und Wandel zweiter Ordnung bezeichnet. Zumeist herrschen starker Veränderungsdruck, Dringlichkeit und Bedarf nach weitgehender Veränderung, die die Beteiligten herausfordert, ihre Komfortzone zu verlassen – beispielsweise bei einer Veränderung des Geschäftsmodells aufgrund einer aktuellen Krise oder einem plötzlichen Unternehmenszusammenschluss mit weitreichenden Folgen. Auch eine grundlegende Restrukturierung kann hierzu gezählt werden (Greiner, 1972; Grabow & Heskin, 1973; Kindler, 1979; Sheldon, 1980; Levy & Mery, 1986; Watzlawick, Weakland & Fisch, 2011; Vahs & Weiand, 2020).

Kompakt

Das Ausmaß von Veränderungen kann unterteilt werden in evolutionäre Veränderungen – moderat, eher längerfristig orientiert – sowie revolutionäre Veränderungen – tiefgreifend, eher kurzfristige Handlungen notwendig, dennoch langfristige Auswirkungen.

Herausforderungen durch Veränderungen

Im Dschungel der heutigen Komplexität sind oftmals nicht mehr Größe, Bekanntheit und Fachkompetenz eines Unternehmens vorrangig, sondern rasche Anpassungs- und Innovationsfähigkeit sowie Problemlösungskompetenz und einfache Prozesse. Für Unternehmen und deren Beteiligte macht dies Veränderungen notwendig, die oftmals schneller und innovativer erfolgen müssen, als damit gerechnet wurde, wie beispielsweise durch die Covid-19-Pandemie, die enormes Entwicklungspotenzial in der Digitalisierung deutlich gemacht hat. Hierdurch haben sich herausfordernde Konsequenzen ergeben, die Unternehmen vor komplett neue Situationen gestellt haben. Allein der akute Bedarf an digitalen Möglichkeiten hat sich deutlich erhöht (Stolzenberg & Heberle, 2021) und ist quasi über Nacht teilweise zur existenziellen Voraussetzung geworden. So war zu beobachten, dass Unternehmen, die ihre Arbeitssystematik bereits digitalisiert oder zumindest erste Schritte auf diesem Terrain vollzogen hatten, deutlich leichter zurechtgekommen sind als vorrangig auf Präsenz ausgerichtete Unternehmen. Wer Geschäftsmodelle nutzte, die nicht digitalisierbar waren, stand vor der Herausforderung, situationsspezifische Lösungen zu finden und mit innovativen Neuerungen das Produkt- und Dienstleistungsangebot grundlegend umzugestalten, um die Zukunft des Unternehmens zu sichern. Zudem haben Unternehmen, bei denen es des direkten Kontaktes zu Menschen bedarf, ihre Abläufe situationsspezifisch angepasst, um nach wie vor handlungsfähig zu sein. Auch der vorhandene Arbeits- und Führungsstil zeigt seit der Covid-19-Krise, welche Unternehmen besser oder weniger gut mit der veränderten Situation zurechtkommen. So sind Unternehmen, die bereits auf Ergebnisse fokussieren, deutlich flexibler als Unternehmen, deren Mitarbeitende ihren Arbeitsbeitrag in Form von zu leistender Arbeitszeit verstehen und somit Arbeitszeitregelungen und deren Kontrolle eine große Rolle spielen.

Als weitere grundlegende Herausforderung kann die zunehmende Globalisierung genannt werden. Durch sie können, teilweise plötzlich und bis dato unbemerkt, neue Wettbewerbermärkte entstehen, indem Marktneueintritte durch innovative Internettechnologien nun mit wenig Aufwand weltweit sicht- und handelbar werden.

VUKA verändert die Welt

Werden die Auslösefaktoren für Veränderungsbedarf auf einer übergeordneten Ebene betrachtet, lassen sie sich mit dem mittlerweile etablierten Akronym *VUCA* (dt. VUKA) zusammenfassen. Es steht für die Begriffe *volatility* (Volatilität), *uncertainty* (Unsicherheit), *complexity* (Komplexität) und *ambiguity* (Mehrdeutigkeit). Diese Stichworte fassen die Marktherausforderungen der heutigen Unternehmensführung auf der ganzen Welt zusammen: Sie sind unbeständig und verändern sich schnell, bringen Unsicherheit mit sich, sind vielschichtig sowie unvorhersehbar und mehrdeutig – mit nach wie vor steigender Tendenz. Was jedoch das Risiko des einen, ist die Chance des anderen – denn Unternehmen, die sich einen Markt neu erschließen möchten und Antworten auf die Anforderungen der Zeit anbieten können, haben nun die Möglichkeit für einen überraschend schnellen Markteintritt. So sind es vor dem VUKA-Hintergrund unter anderem *disruptive Märkte*, die in äußerst kurzer Zeit eine Verdrängung durch neue Entwicklungen, Produkte und Dienstleistungen zur Folge haben können. Beispielsweise kann ein IT-Entwickler, der auf fachlich fremdem Gebiet beginnt, Dienstleistungen zu digitalisieren, über sein Kerngeschäft (IT-Know-how) zum Dienstleister auf einem völlig neuen Gebiet und dadurch zum Wettbewerber eines etablierten Unternehmens werden. Geschwindigkeit und zeitgemäße Problemlösungskompetenzen sind dabei häufig die Schlüsselfaktoren des unternehmerischen Wirkens. Und in beiden Fällen kann Change Management helfen, die damit verbundenen Veränderungen zu begleiten, jeweils mit unterschiedlicher Aufgabenstellung, indem ein Plan entwickelt wird, wie die neuen Gegebenheiten integriert und Veränderungen umgesetzt werden können, wie souverän mit Hürden, Widerstand und weiterem Veränderungsbedarf umgegangen wird und wie dies begleitet sowie nachhaltig integriert werden kann.

Aber auch innerhalb eines Unternehmens entsteht Wandlungsbedarf. Die Bedürfnisse der Beschäftigten und somit die Anforderungen an Arbeitsplätze und Arbeitgeber verändern sich ebenfalls. Nicht nur der Wunsch nach besseren Arbeitsbedingungen, persönlicher Weiterentwicklung, flexiblen Arbeitszeitmodellen, sondern verstärkt auch nach Freude an der Arbeit, Zufriedenheit, Identifikation und Sinn rücken neben Vergütungs- und Benefitregelungen in den Blickwinkel. Die *Great Resignation*, die zunehmende Wechselbereitschaft, hat sich durch die Covid-19-Pandemie nochmals intensiviert. Mitarbeitende mussten zwangsläufig ihre Arbeitssituation reflektieren und sind dabei zu neuen Sichtweisen und Erkenntnissen gelangt, wie sie ihr Arbeits(um)feld gestalten möchten. So haben viele Arbeitnehmende ihr bisheriges Tätigkeitsfeld gänzlich hinter sich gelassen, was für einen enormen unternehmerischen Aufholbedarf, sprich eine starke Nachfrage an Arbeitskräften, sorgt. Daher sehen sich Unternehmen im doppelten Wettbewerb, nämlich die besten Talente zu halten sowie neue zu rekrutieren. Die bestehende Belegschaft darf nicht mehr nur zufriedengestellt werden, sondern muss immer wieder aufs Neue für das Unternehmen begeistert werden. Somit werden auch unternehmenskulturelle Aspekte immer wichtiger.

1.3 Unternehmenskultur

Die Unternehmenskultur ist entscheidend für die Arbeitsatmosphäre und steht in engem Zusammenhang mit der Arbeitsmotivation und dem Unternehmenserfolg (Hauser et al., 2008). Näher betrachtet ist sie ein Ergebnis von Orientierungsmustern und Werten, die von den meisten Personen einer Organisation geteilt, gelebt und getragen werden und die als typisch für das Unternehmen gelten (Baetge et al., 2007; Ganz & Graf, 2007; Sackmann, 2004; Kroeber-Riel, 1992). Somit ist sie auch ein subjektiver Faktor, denn die Bewertung hängt vom Denken, Handeln und Erleben der Beteiligten ab. In der Praxis bestehen neben *der* Unternehmenskultur weitere Subkulturen, die sich zum Beispiel in einzelnen Unternehmensteilen oder Standorten gebildet oder sich aufgrund aktueller Gegebenheiten und personeller Zusammensetzungen entwickelt haben und nicht immer harmonieren. Bei internationalen Unternehmen spielen auch Länderkulturen entscheidend mit ein.

Im Change Management bedeutet die gezielte Transformation von Unternehmenskultur eine der größten Herausforderungen und setzt sich wie ein Mosaik aus einer Vielzahl einzelner Elemente zusammen. Dabei ist insbesondere entscheidend, welche *Haltung* (Permantier, 2019) und welches *Verhalten* die Führungsriege als Vorbild zeigt – aber auch, was belohnt, gefördert, sanktioniert oder schlichtweg toleriert wird. Ausgeprägt positive und gesunde Unternehmenskulturen zeichnen sich – auch in schwierigen Zeiten – durch klare Handlungsorientierung, Teamgeist, Motivation, Wertschätzung, Ideen- und Lösungsfindung sowie Innovationskraft und geringe Fluktuation aus. Weniger positive oder negative Kulturen lassen sich oftmals an mangelnder Flexibilität und Unbeweglichkeit, unzureichender Motivation und wenig Einsatzbereitschaft, hohem Krankheitsstand, Passivität, fehlendem Unternehmensinteresse sowie hoher Fluktuation erkennen.

Je offener, flexibler und veränderungsfähiger eine Unternehmenskultur ist, umso höher ist auch die *Ambiguitätstoleranz,* die Fähigkeit, unklare, mehrdeutige Situationen auszuhalten. Ist sie entwickelt, können Veränderungen reibungsloser realisiert werden, weil Angst und Zurückhaltung vor Neuem eher gering sind. Somit wird deutlich, weshalb es für die Zukunftsfähigkeit eines Unternehmens sinnvoll und wichtig ist, eine Unternehmenskultur im positiven Sinne beweglich zu halten und veränderungsfähig zu gestalten. Dies kann auch dann zum entscheidenden Faktor werden, wenn sich ein Unternehmen den aktuellen Marktbedingungen anpasst. Darüber hinaus ist zu berücksichtigen, dass sich eine Unternehmenskultur auch passiv verändern kann, das heißt schleichend über die Zeit hinweg, durch personellen Wechsel, interne Veränderungen oder äußere Einflüsse und Krisen. Je nach Aktivitätsgrad der Unternehmenskulturgestaltung kann sie demnach positiv entwickelt sein oder sich ungesteuert verselbstständigt haben und wie ein Vakuum wirken. Werden kulturelle Gegebenheiten bereits in der Vorbereitungsphase von Veränderungsmaßnahmen einbezogen, kann eine möglichst hohe Kooperationsbereitschaft erreicht und Widerstand so klein wie möglich gehalten werden (Doppler & Lauterburg, 2019). Bei einem Unternehmenszusammenschluss ist beispielsweise die Integration der aufeinandertreffenden Unternehmenskulturen entscheidend dafür, ob die Zusammenführung erfolgreich oder lediglich zweckbezogen umgesetzt wird oder gar nicht erfolgt und weiterhin mindestens zwei Unternehmenskulturen bestehen bleiben, sodass Unverständnis und Probleme vorprogrammiert sind.

Ein kultureller Wandel erfolgt erfahrungsgemäß peu à peu, im Laufe der Zeit. In Ausnahmesituationen, beispielsweise einem Schockerlebnis oder einer Krise, kann oder muss sich die Kultur auch kurzfristig wandeln. Sie wird jedoch, sofern nicht aktiv begleitet, nach einem Abflachen der Auslösersituation voraussichtlich wieder in alte Muster zurückfallen.

Kompakt

Der Weg zur kulturellen Veränderung führt über die Summe aller Aktivitäten und Gegebenheiten sowie entscheidend über die Haltung und das Vorbildverhalten der gesamten Führungsriege.

Auch wenn Unternehmenskultur nicht einfach messbar und oftmals eher unbewusst wahrgenommen und empfunden wird, gibt es Modelle, die es möglich machen, Unternehmenskultur näher zu betrachten, eine Kulturanalyse durchzuführen und sie mit Ansätzen, Methoden sowie Interventionen weiterzuentwickeln. In der Praxis wird diese Leistung von Unternehmen oftmals eingekauft. Nachfolgend werden drei Modelle vorgestellt, die bei einer Kulturanalyse in Unternehmen hilfreich sein können und mit denen eine Vorabanalyse durchgeführt werden kann.

Eisberg-Modell

Eines der bekanntesten und zugleich ältesten Modelle zur Betrachtung kultureller Aspekte – sowie des menschlichen Verhaltens generell – ist das Eisberg-Modell. Es wird bereits dem Psychoanalytiker Sigmund Freud sowie der Bedeutung der Kommunikationsebenen, insbesondere der nicht offensichtlichen Aspekte, zugeschrieben. Diese vielfach zitierte bildliche Metapher (Abb. 2) macht deutlich, dass im Hinblick auf Denken, Verhalten und Handeln sowohl sachliche als auch emotionale Belange zu berücksichtigen sind. Das Modell nutzt das Sinnbild eines von Wasser umgebenen Eisberges, der lediglich seinen an der Oberfläche liegenden Teil erkennen lässt. Dieser sichtbare Teil steht für die *Sachebene*. Welches Ausmaß der Eisberg unterhalb der Wasseroberfläche einnimmt, ist nicht ersichtlich und kann zunächst nur vermutet werden. Der untere Teil wird als *psychosoziale Ebene* bezeichnet und beinhaltet die emotionalen Aspekte, die wiederum als Energiequellen die Arbeit auf der Sachebene fördern (Langmaack, 2011). Das Einbeziehen der unteren, nicht sichtbaren emotionalen Ebene ist im Change Management eine entscheidende Voraussetzung für die Veränderungsbereitschaft der Beteiligten. Das Eisberg-Modell ist grundsätzlich ein einfach verständlicher Ansatz, jedoch mit weitgehender Aussagekraft. Es dient dem Hintergrundverständnis und soll bewusst machen, dass alle Aspekte und Aktivitäten, seien sie auch noch so sachlich, bei den Betroffenen voraussichtlich emotionale Ursachen und Auswirkungen haben. Wenn es also brodelt und nicht so richtig weitergeht, stecken die Gründe meist unterhalb der Oberfläche – und es lohnt sich, nach den tatsächlichen Beweggründen und oftmals Hemmnissen zu suchen, diese zu verstehen, anzuerkennen sowie mit (und an) ihnen zu arbeiten.

Wendet man das Eisberg-Modell im Change Management an, können sich folgende Chancen und Hürden ergeben:

- Größte Chancen: Das Modell ermöglicht ein Erkennen der Motivations- und Widerstandsthemen. So können positive Faktoren genutzt und für negative Faktoren Lösungen entwickelt werden. Auch Change-Verweigerer können auf diesem Weg durch eine auf ihre Bedürfnisse, Ängste und Sorgen ausgerichtete Kommunikation abgeholt werden. Zielgerichtete Führung und ein Aufzeigen von konkreter Dringlichkeit und Notwendigkeit sowie persönlichen Auswirkungen für die Beteiligten können mit diesem Hintergrundwissen auf die Belegschaft zugeschnitten erfolgen.
- Größte Hürden: Oftmals liegen die Gründe für Blockaden gegenüber Veränderungen nicht allein im Arbeitsumfeld. Es muss also tief gegraben werden, bis die Ursache zum Vorschein kommt. Das kann zeitintensiv sein und Themen an die Oberfläche bringen, die nicht direkt mit dem Arbeitsverhältnis zu tun haben, sondern privater Natur (Probleme, Ängste, Sorgen) sind. Sind sie jedoch ausgesprochen, muss darauf reagiert werden, insbesondere bei ernsthaften Fällen. Nicht jedes Unternehmen verfügt allerdings über entsprechende Experten, wie Psychologen oder Coaches. Insgesamt kann es für Führungskräfte eine Herausforderung bedeuten, gerade die emotionalen Aspekte der Belegschaft bei sowieso schon knappen Zeitfenstern und hoher Arbeitsbelastung zu berücksichtigten. Es wird eine gewisse Vorlaufzeit dauern, bis die untere Schicht des Eisberg-Modells durchdrungen wurde, um zur positiven Handlungsfähigkeit und Steuerungsmöglichkeit im Change zu gelangen. Empfehlenswert ist es daher, gerade zu Beginn einer Transformation externe Unterstützung in Anspruch zu nehmen.

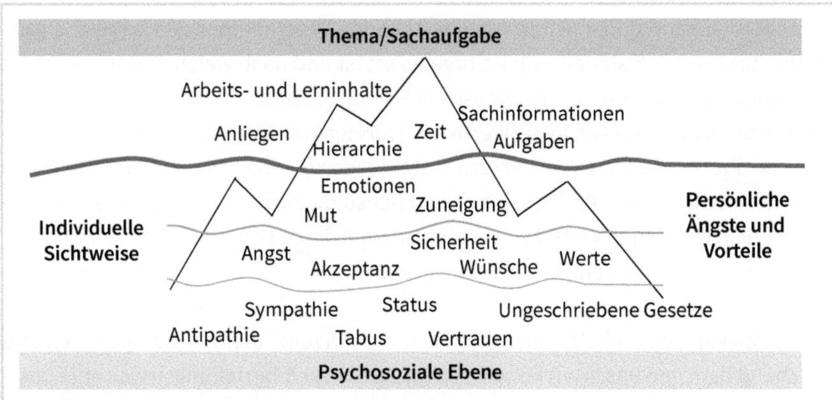

Abb. 2: Eisberg-Modell (in Anlehnung an Langmaack, 2011)

Kulturebenen-Modell nach Schein

Zur Einteilung von Kulturfaktoren in Unternehmen hat Edgar Schein (1984, 2000) das Kulturebenen-Modell entwickelt (Abb. 3). Es dient der Beschreibung einer Organisationskultur und dem Verständnis der vorherrschenden Regeln, Muster sowie Verhaltensweisen und ist in drei Ebenen aufgeteilt. Den Kern stellt die dritte, unsichtbare Ebene mit den Verhaltensweisen und Denkmodellen dar, die automatisch ablaufen, integriert sind, aufeinander reagieren und die verankerten Regeln des Systems bilden (Grundannahmen). Die erste Ebene hingegen ist sichtbar und am einfachsten zu erkennen (Artefakte). Die dazwischenliegende zweite Ebene bezieht sich auf die Werte und Normen der Mitarbeitenden (gemeinsame Werte). Dies können beispielsweise kommunizierte Unternehmenswerte sein oder eine etablierte Vorgehensweise, die offensichtlich ist, aber nicht immer festgeschrieben sein muss.

	Bezeichnung	Beschreibung/ Wahrnehmung	Beispiele
Ebene 1	Artefakte	An der Oberfläche liegend und sichtbar	Technologie, Objekt, Systeme, Firmengebäude, Dienstwagen
Ebene 2	Gemeinsame Werte	Kollektive Werte und Normen	Gefühl für das, was richtig ist, Fehlerkultur
Ebene 3	Grundannahmen	Tief verwurzelt, keine bewusste Wahrnehmung	Unbewusste Muster und Verhaltensweisen

Abb. 3: Die drei Ebenen der Unternehmenskultur (in Anlehnung an Schein, 1984)

Dieses Modell kann dabei helfen, eine bestehende Unternehmenskultur zu analysieren und besser zu verstehen, wie sie organisiert ist und nach welchen Maßstäben sie funktioniert. So spiegelt beispielsweise ein Firmengebäude (Ebene 1) den Geist eines Unternehmens wider, kann in die Werte und Normen der Belegschaft einspielen (Ebene 2) und über die Zeit auch Verhaltensmuster prägen (Ebene 3) oder Mitarbeitende an Bord halten, die diesem Bild entsprechen. Ebenso möglich ist es, dass Personen, die sich mit dem Image und Wertesystem nicht identifizieren können, je nach Persönlichkeitsstruktur und Präferenzen den Arbeitgeber über kurz oder lang verlassen.

Das Modell kann einen kulturellen Wandel unterstützen, indem alle drei Ebenen entsprechend dem gewünschten kulturellen Bild entwickelt beziehungsweise angepasst werden. So könnte auf Ebene 1 das Firmengebäude modernisiert und das Logo neu gestaltet werden. Bei Unternehmenszusammenschlüssen wird in der Regel ein gemeinsames Logo aus beiden vorherigen gestaltet – oftmals werden die Farbe des einen und die Form des anderen übernommen. Auf Ebene 2 könnten die Unternehmenswerte zusammen mit der Belegschaft erarbeitet werden oder es kann deren Bedeutung für die Belegschaft reflektiert werden. Veränderungen auf Ebene 3, der Verhaltensebene, lassen sich nicht von heute auf morgen realisieren. Sie sind unter anderem abhängig vom Vorbildverhalten der Führungskräfte, von prägenden Personen innerhalb des Unternehmens, von der internen offiziellen Kommunikation sowie von vielen einzelne Handlungen, beispielsweise davon, wer mit welcher Begründung befördert oder was als Erfolg und positiver Beitrag veröffentlicht wird. Dies kann ein erfolgreiches Kundenprojekt sein, bei dem die Ergebnisse mit der Anwendung einer Systematik erreicht wurden, die ein Unternehmen neu eingeführt hat und einem neuen Unternehmens(wunsch)bild entspricht. So werden Kunden nun ganzheitlich beraten, anstatt wie bisher nur segmentbezogen, was ausschlaggebend für die Erteilung eines bedeutenden Auftrages war.

Auch wenn dies sehr vereinfacht dargestellt ist, macht es deutlich, dass bereits einzelne Faktoren Einfluss nehmen können, selbst wenn sie isoliert betrachtet noch nicht den entscheidenden Effekt zeigen. Es geht vielmehr um die Integration einzelner Maßnahmen und Gegebenheiten in ein Gesamtkonzept, die sich (nach und nach) wie Puzzleteile zu einem großen Bild zusammenfügen. Starke Einflussfaktoren sind die Führungskultur, das (interne) Unternehmensimage, die Unternehmenswerte und vor allem, wie sie vom Management (vor-)gelebt werden. Alle diese Faktoren sind im Wesentlichen auf Ebene 2 und Ebene 3 verortet.

Das Modell basiert auf der Annahme, dass sich eine Veränderung auf einer Ebene auf die anderen Ebenen auswirkt, denn ein Unternehmen mit seinen handelnden Akteuren ist immer als Gesamtsystem zu verstehen (Kapitel 2). Letztendlich tragen die Gegebenheiten auf den drei Ebenen einen entscheidenden Teil dazu bei, dass sich Mitarbeitende einem Unternehmen zugehörig fühlen können. Ist das nicht der Fall, erfolgt oftmals die Trennung, ohne dass ein offensichtlicher, triftiger Grund formuliert werden kann: »Es passt einfach nicht so richtig.«

In agilen Organisationen (Kapitel 4.2.5) haben Statussymbole, wie Artefakte, eine ganz andere oder untergeordnete Funktion beziehungsweise in Selbstorganisationen (nachfolgend in diesem Kapitel) keine oder kaum Bedeutung. Umso wichtiger sind gemeinsame Werte (Ebene 2) und die Grundannahmen (Ebene 3).

Durch die Anwendung des Kulturebenen-Modells im Change Management können sich folgende Chancen und Hürden ergeben:

- Größte Chancen: Durch Handlungen auf der sichtbaren Ebene kann die unsichtbare Ebene beeinflusst werden. Bereits kleine Veränderungen können Großes bewirken, beispielsweise das demonstrative »Abschneiden von alten Zöpfen«. Wird dies bewusst vorgenommen, kann auf einfache Weise eine kulturelle Transformation unterstützt werden und es können neues Denken und Verhalten integriert werden.
- Größte Hürden: Bei der Analyse der unsichtbaren Faktoren wird oftmals deutlich, wie verzweigt die Zusammenhänge sein können, dass sie sehr zeitaufwendig sind, ein direktes Ableiten von Auslösefaktoren und Resultaten nicht eins zu eins möglich ist und das Ergebnis dadurch verwässert werden kann. Des Weiteren gibt es unterschiedliche Gründe, weshalb Menschen in Organisationen verweilen. Teilweise ist dies auch rein rational motiviert (Wolf, 2020), beispielsweise durch ein Vergütungspaket oder einen kurzen Weg zum Arbeitsplatz, selbst wenn andere Faktoren (Artefakte, Werte und Grundannahmen) nicht der Haltung des Mitarbeitenden entsprechen. Diese Spezifizierung findet im Modell keine Berücksichtigung.

Sowohl das Eisberg-Modell als auch das Kulturebenen-Modell von Schein sind Grundlagenmodelle, deren Prinzipien in das Change Management sowie die Organisationsentwicklung eingeflossen sind. Für ein Verständnis und die eigenständige Anwendung im Change Management ist es daher hilfreich, diese Grundprinzipien und Abhängigkeiten verstanden zu haben und sich bewusst zu machen, dass in neueren Organisationsformen andere Regeln und Werte gelten können. So sind in einem Start-up in Selbstorganisation Statussymbole voraussichtlich deutlich weniger bedeutend als in der Geschäftsleitung eines traditionellen Produktionsunternehmens. Spannend wird es dann, wenn beide Welten aufeinandertreffen.

Das Spiral-Dynamics-Modell

Ein weiteres Modell zur Analyse sowie zur aktiven Entwicklung von Unternehmenskultur ist Spiral Dynamics, auch Graves-Modell genannt. Es basiert auf der Arbeit von Clare W. Graves (1970, 1974) und wurde von Don Beck und Chris Cowan weiterentwickelt.

Spiral Dynamics (Beck & Cowan, 2021) steht für eine entwicklungsbezogene Form der unternehmerischen Sichtweise. Die Inhalte beziehungsweise Erkenntnisse wurden von der Evolutionsgeschichte der Menschheit abgeleitet und auf den Entwicklungsprozess von Unternehmen und deren Beteiligte übertragen. Dabei wird davon ausgegangen, dass die Entwicklung der Menschheitsgeschichte mit der Entwicklung eines spezifischen Wertesystems einhergeht. Das bedeutet, dass sich aus den jeweiligen Herausforderungen einer Entwicklungsphase durch die Art und Weise des (notwendigen) Denkens, Handelns und Interagierens ein dienliches Wertesystem entwickelt hat, mit dem sich die Probleme der jeweiligen Phase offensichtlich am besten lösen lassen. Ändern sich die Anforderungen, verändert sich wiederum das Wertesystem. So haben sich über die Zeit hinweg mehrere Wertesysteme und somit auch Verhaltensmöglichkeiten entwickelt. Kurzum: Alles, was in eine jeweilige Situation einspielt, beeinflusst die Denk-, Sicht- und Verhaltensweisen sowie das Wertesystem der Beteiligten. Um von dieser entwicklungsbezogenen Betrachtung auf die Arbeits- und Unternehmenswelt zu schließen, war die Erkenntnis der Modellentwickler entscheidend, dass individuelles Verhalten dadurch generell erklärbar und sogar prognostizierbar wurde.

So kann Spiral Dynamics bezogen auf Unternehmenskultur dazu dienen,

- den aktuellen Zustand zu analysieren, beispielsweise von Einzelpersonen, Gruppen und deren vorherrschende Denk-, Sicht- und Verhaltensweisen,
- darauf aufbauend herauszuarbeiten, welches kulturelle Mindset am besten zu den Anforderungen der Ausgangssituation und zur Zielsetzung eines Unternehmens passt,
- für die Zielsetzung unter Berücksichtigung der Ausgangssituation sowie mithilfe der Erkenntnisse aus Spiral Dynamics einen Begleit- oder Entwicklungsplan abzuleiten.

Spiral Dynamics zählt sicherlich zu den anspruchsvolleren Modellen, da es sehr weit- und tiefgehend ist. Daher bedarf es Zeit und Geduld, wenn man die Inhalte sowie Möglichkeiten der Anwendung verstehen möchte. Hat man es jedoch verinnerlicht, eröffnet dies die Chance auf weitreichende Erkenntnisse und bedeutet auch für den Anwender eine Persönlichkeitsentwicklung, da ein Abgleich mit sich selbst in der Regel eine der ersten Konsequenzen ist.

Acht Theorien (Meme) des Wertesystems

Spiral Dynamics besteht aus acht Theorien des Wertesystems, die als *Meme* bezeichnet werden. Jedes Mem steht für unterschiedliche Werte und somit Sicht- und Denkweisen sowie für ein Glaubenssystem, welches Verhalten und Entscheidungen beeinflusst und steuert. Ebenso steht ein Mem für ein Organisationsprinzip. Die acht Meme des Modells werden in verschiedenen Farben als Spirale dargestellt (Abb. 4), die auch als Doppel-Helix bezeichnet wird, da jeweils zwei Faktoren einspielen und die Verhaltens-, Denk- und die Wertestruktur entstehen lassen: das Problem sowie die Problemlösung. Die Meme richten in ihrer Abfolge auch abwechselnd den Bezug auf die Person oder auf das Kollektiv. So sind die Sicherung des Überlebens (Rot) und die Selbstverwirklichung (Gelb) personenbezogen, während Hierarchie (Blau) und menschliche Beziehungen (Grün) immer von einer Gruppe, einem Kollektiv abhängig sind. Dieser Wechsel von Person zu Kollektiv zieht sich durch die gesamte Entwicklungsgeschichte und somit auch durch das Spiral-Dynamics-Modell.

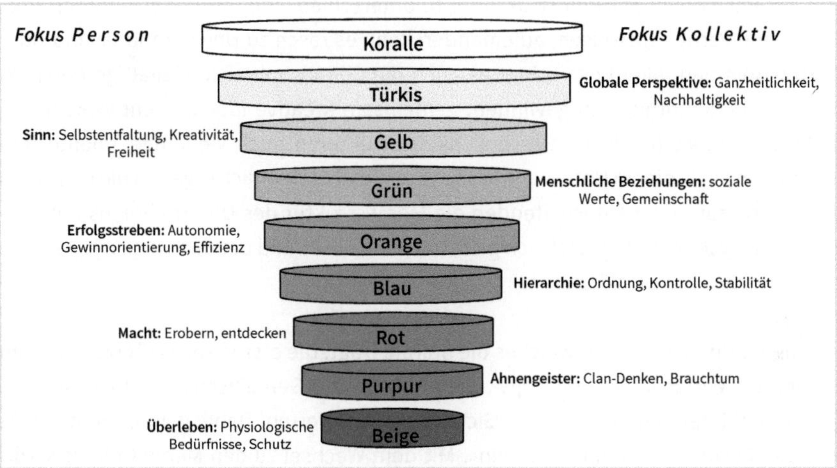

Abb. 4: Spiral Dynamics (in Anlehnung an Beck & Cowan, 2021)

Für ein Verständnis des Modells ist es elementar, dieses wertfrei zu betrachten – kein Mem hat mehr Wert als ein anderes, auch wenn die Meme teilweise als (Graves-)Level bezeichnet werden. Sie stehen für unterschiedliche Wertesysteme, Sicht- und Denkweisen (die abhängig vom heutigen Kontext mehr oder weniger dienlich sind).

Die einzelnen Meme in Spiral Dynamics sind flexibel und offen zu verstehen; je nach Kontext beziehungsweise persönlicher Entwicklung kann sich eine Veränderung in ein anderes Mem vollziehen. Dies bildet den Unterschied zu eher linearen Bedürfnissystemen, wie der Bedürfnispyramide von Maslow, die ein Erklimmen von unten nach oben, verbunden mit Erreichen und Erhalten einer Stufe, beschreibt. Hier stillt eine Person zunächst ihr existenzielles Grundbedürfnis, unter anderem mit Nahrung und Wärme. Erst anschließend kümmert sie sich um das Erreichen der nächsten Stufe, der Befriedigung von Sicherheitsbedürfnissen, gefolgt von sozialen Bedürfnissen und Individualbedürfnissen über kognitive und ästhetische Bedürfnisse hin zu Selbstverwirklichung und Transzendenz. Spiral Dynamics dagegen zielt auf einen Bewusstseinswandel durch Wahrnehmung, Umgebung und Interaktion mit anderen Personen ab. Das eigene Bewusstsein verändert sich somit auch im Zusammentreffen von Individuen in einer bestimmten Umgebung mit den entsprechenden Herausforderungen und Anforderungen. So ist der aktuelle Seinszustand von äußeren Bedingungen abhängig, ebenso davon, wie wahrgenommen, gedacht und empfunden wird. Jeder Mensch hat seine individuelle Memestruktur und in der Regel einen Schwerpunkt. Ein Mem wird heutzutage in den entwickelten, komplexen Industrienationen allerdings kaum in seiner Reinform vorkommen. Auch abhängig vom Umfeld können sich die Memestrukturen einer Person unterschiedlich zeigen. So kann eine Person im Beruf ein anderes Hauptmem leben als im privaten Umfeld. Hinter den Meme stecken – wie bereits erwähnt – Wertestrukturen. Treffen in einem Unternehmen Menschen mit unterschiedlicher Memestruktur, d. h. unterschiedlichen Wertesystemen, Denk-, Sicht- und Verhaltensweisen, aufeinander, kann es rasch zu Unverständnis und Konflikten kommen. Allerdings bringt es auch die Chance mit sich, vielfältige Perspektiven und Erkenntnisse zu gewinnen, gemeinsam kreative Ideen zu entwickeln und aufgrund unterschiedlicher Persönlichkeitsstrukturen auch vielfältige Talente und Kompetenzen in einem Unternehmen zu vereinen. Letztendlich ergeben die einzelnen Memestrukturen der Mitarbeitenden die Memestruktur des Unternehmens mit dessen Wertesystem. Daher lässt sich hierüber auch ein Abbild der derzeitigen jeweiligen Unternehmenskultur skizzieren.

Die Meme sind das Gerüst, welches die Spirale trägt. Die ersten sechs (Beige bis Grün) stehen für Wirtschafts-, Führungs-, Erziehungs- und Gemeinschaftsformen und die jeweils dahinterstehenden Werte, Sicht- und Denkweisen. Dabei geht es vereinfacht um den Fokus »Haben und Handeln«. Mit dem Wechsel zu den Meme Gelb und Türkis erfolgt ein Paradigmenwechsel. Kompetenz, Seins-Qualitäten und Funktionalität rücken in den Blickwinkel (Köbler, 2009; Beck & Cowan, 2021). Die einzelnen Meme werden nachfolgend erläutert:

- **Mem Beige (halbsteinzeitlich) – Überleben**
  - Basiert auf Überlebensprozessen (Existenz) und der Angst vor Verhungern. Es ist die erste Entwicklungsstufe der Menschheit, die sich vor circa 100 000 Jahren entwickelt hat. Um ihr Überleben zu sichern (Nahrung), organisierten sich die Menschen in lockeren Verbänden (Schutz); heutzutage vergleichbar mit den überlebensorientierten Grundbedürfnissen eines Babys und geprägt von Abhängigkeiten.
  - Vorrangige Werte: Überleben und Sicherheit.
  - Mem Beige wird zum Beispiel durch Befriedigung von Existenzbedürfnissen und Gewährleistung von Schutz aktiviert.
  - Nach einer Schätzung von Beck und Cowan (2021) befinden sich derzeit circa 0,1 Prozent der Weltbevölkerung in Mem Beige.
- **Mem Purpur (stammesorientiert) – Ahnengeister**
  - Basiert auf Clan-Denken sowie der Angst vor Geistern. Dieses Mem ist vor circa 50 000 Jahren entstanden, als Menschen begonnen haben, sich in Stämmen zusammenzuschließen, um Sicherheit zu gewährleisten und Ängste zu reduzieren. Vergleichbar ist dieses Mem heutzutage mit der Kleinkindphase vom ersten bis dritten Lebensjahr, wenn sensorisch-motorisch erkundet wird und

eigene Emotionen wahrgenommen werden. Bei Erwachsenen ist dieses Mem heute noch bei Naturvölkern zu finden.
- Vorrangige Werte: Sicherheit, Zugehörigkeit, Brauchtum, Magie.
- Das Mem Purpur wird beispielsweise durch das Achten von Ritualen aktiviert.
- Nach einer Schätzung von Beck und Cowan (2021) befinden sich derzeit circa 10 Prozent der Weltbevölkerung in Mem Purpur.

- **Mem Rot (ausbeuterisch) – Macht**
  - Basiert auf Egozentrik, machtorientierten Ausbeutungsprozessen und der Angst vor Angreifern. Dieses Mem hat sich vor circa 10 000 Jahren entwickelt. Es steht für Eroberungs- und Entdeckungssinn der Menschheit. Der Grund für Fehlverhalten wird außerhalb von sich selbst gesucht, da jegliches Schuldgefühl fehlt und keine Rücksicht auf andere genommen wird; stark egobasiertes Fokussieren auf Macht, Stärke und Ausbeutung; ein Überlebenskampf mit allen Mitteln sowie auf Kosten anderer, um die eigene Stärke zu beweisen.
  - Vorrangige Werte: Macht, Geltungsbedürfnis.
  - Das Mem Rot lässt sich z. B. durch Geschichten über Helden, Respektbekundung sowie Feiern von Eroberungen aktivieren.
  - Nach einer Schätzung von Beck und Cowan (2021) befinden sich derzeit circa 20 Prozent der Weltbevölkerung in Mem Rot.
- **Mem Blau (autoritär) – Hierarchie**
  - Basiert auf Ordnung, Kontrolle, Stabilität. Vor circa 5000 Jahren wurde begonnen, in Strukturen zu denken und die Egozentrierung des Mem Rot zu verlassen. Dadurch wurden die Grundlagen für ein Miteinander geschaffen. Hierarchische Ordnung, Regeln und Pflichten geben Personen in Blau die notwendige Sicherheit. Dadurch finden sie Sinn und Struktur im Leben. Regelverstöße werden sanktioniert. Autoritäten haben das Sagen und es steht außer Frage, ihnen zu gehorchen. In ihrer Kommunikation werden Inhalte mehrfach wiederholt und sogar missionarisch vertreten, um zu beweisen, dass es so sein muss beziehungsweise ist. Für andere Meinungen und Vorgehensweisen besteht wenig Toleranz und Anerkennung, es wird in einer Richtig-falsch-Systematik gedacht. Die Angst vor Regelverstoß und Gesetzesbruch ist groß.
  - Vorrangige Werte: Recht, Ordnung, Stabilität, Gerechtigkeit.
  - Das blaue Mem wird beispielsweise durch die Einhaltung von Regeln, Loyalität, Tradition sowie Behandlung und Belohnung nach Dienstzeit aktiviert.
  - Nach einer Schätzung von Beck und Cowan (2021) befinden sich derzeit circa 40 Prozent der Weltbevölkerung in Mem Blau.
- **Mem Orange (unternehmerisch) – Erfolgsstreben**
  - Wird das blaue Mem verlassen und in Orange eingetreten, werden Regeln zwar nach wie vor berücksichtigt, sind aber nicht mehr elementar. Stattdessen geht es um Leistungsorientierung, strategische Prozesse und Autonomie. Dieses Mem ist vor circa 650 Jahren entstanden und sucht nach der besten Lösung, Verbesserungen durch Technik sowie Wissenschaft, Effizienz, Effektivität und

wirtschaftlichem Erfolg. Erfolgswahrscheinlichkeiten werden ausgelotet, indem verschiedene Möglichkeiten getestet werden. Insgesamt wird mit Vernunft und Wissen agiert. Das wirtschaftliche Handeln kann auch von Profitgier geprägt sein, kurzfristige Erfolge werden mitgenommen. Langfristige Auswirkungen, Nachhaltigkeit und systemische Sichtweisen fließen hier kaum oder gar nicht ein (dies erfolgt erst ab Mem Gelb). Eine der größten Ängste ist der Autonomieverlust.
  - Vorrangige Werte: Leistung, Gewinn, Erfolg, Verantwortung.
  - Mem Orange wird zum Beispiel durch Schaffen und Demonstration von Verbesserungen aktiviert, die zu relevanten Erfolgen führen.
  - Nach einer Schätzung von Beck und Cowan (2021) befinden sich derzeit circa 30 Prozent der Weltbevölkerung in Mem Orange.
- **Mem Grün (gemeinschaftlich) – menschliche Beziehungen**
  - Basiert auf menschlichen Beziehungen, Erfahrungen und Konsens. Es ist vor circa 150 Jahren entstanden, als Menschenrechte, Freiheit und Kollektivismus in den Fokus rückten. Soziale Werte mit Blick auf die Gemeinschaft sind vorrangig. Alle sollen gleichermaßen profitieren und teilhaben, um einen gemeinsamen Lebenssinn zu entwickeln. Die sozialen Kontakte und Beziehungen sind wichtiger als die Sache. Eine der größten Ängste ist gesellschaftliche Ablehnung.
  - Vorrangige Werte: Gemeinschaft, Kooperation, Konsens, Toleranz, Harmonie.
  - Das Mem Grün wird beispielsweise durch Gemeinschaftssinn, Zugehörigkeit, soziale Verantwortung und der Berücksichtigung menschlicher Gefühle und Sorgen aktiviert.
  - Nach einer Schätzung von Beck und Cowan (2021) befinden sich derzeit circa 10 Prozent der Weltbevölkerung in Mem Grün.
- **Mem Gelb (systemisch) – Sinn**
  - Basiert auf Selbstentfaltung und Kreativität. Es wird im Gesamtsystem gedacht und das große Bild betrachtet; legt großen Wert auf persönliche Freiheit und möchte sich selbst verwirklichen, aber nicht auf Kosten anderer und ohne dabei anderen zu schaden. Der Einzelne sucht nach individuellen Möglichkeiten und neuen Sichtweisen. Das Denken ist langfristig und strategisch. Gelb vereint alle bisher genannten Meme und eröffnet die Möglichkeit, sämtliche Meme wertzuschätzen (während die bisherigen Meme ausschließlich die eigene Sicht für richtig halten) und sich auf sie einzustellen. Personen mit gelber Prägung haben die bisherigen Meme integriert und können somit auf deren Sichtweisen zurückgreifen. Daher spricht man beim Wechsel auf Gelb auch von einem Paradigmenwechsel. Gelb hat sich vor circa 60 Jahren entwickelt, als begonnen wurde, Komplexität, Chaos sowie deren gegenseitige Verbindung zu integrieren.
  - Vorrangige Werte: Singgebung, Freiheit, Flexibilität, Individualität, Weiterentwicklung, Wissen.

  - Mem Gelb wird beispielsweise durch Sinngebung, Freiheit und die Möglichkeit Kreativität auszuleben aktiviert.
  - Nach einer Schätzung von Beck und Cowan (2021) befindet sich derzeit circa 1 Prozent der Weltbevölkerung in Mem Gelb.
- **Mem Türkis (holistisch) – globale Perspektive**
  - Basiert auf einem globalen, ganzheitlichen Denken und Handeln. Globale Konsequenzen werden bei Entscheidungen immer berücksichtigt. Personen in Türkis denken langfristig, Nachhaltigkeit ist ein Grundprinzip. Sie sind stark mit der Umwelt verbunden und möchten mit ihrem Beitrag der Erde und der Menschheit Nutzen stiften. Es wird von einer höheren Ordnung ausgegangen und nach transpersonalen Lösungen gesucht. Das Mem Türkis hat vor 40 Jahren begonnen.
  - Vorrangige Werte: Ganzheitliches globales Handeln und Sein, Nachhaltigkeit.
  - Das Mem Türkis wird durch die Berücksichtigung eines holistischen, allumfassenden, größeren Ganzen aktiviert.
  - Nach einer Schätzung von Beck und Cowan (2021) befinden sich derzeit circa 0,1 Prozent der Weltbevölkerung in Mem Türkis.
- **Mem Koralle – in Entwicklung**
  - Dieses Mem bildet sich derzeit, daher gibt es noch keine ausreichenden Erkenntnisse. Voraussichtlich wird es sich aus den Erfordernissen des türkisenen Mem entwickeln.

In den entwickelten Wirtschaftsnationen bewegt sich ein Großteil der Menschheit in beziehungsweise zwischen den Meme Blau, Orange und Grün sowie in Mischformen zweier angrenzender Meme. Äußerst wenige bewegen sich in Gelb oder gar in Türkis.

Mit jedem Wechsel zum nächsten Mem vollzieht sich Entwicklung, sowohl unternehmerisch als auch sozial und kulturell. Der Wechsel zum nächsten Mem steht vor allem im Zusammenhang mit der Erweiterung von Lösungskompetenzen. Die Lösung eines Problems wird immer eine Ebene über derjenigen gesehen, auf der es entstanden ist, wobei in einem Entwicklungsprozess kein Mem übersprungen wird.

Die Farbgebung mag dazu verleiten, Spiral Dynamics mit Persönlichkeitsmodellen in Verbindung zu bringen, die ihre Typologie ebenfalls farblich darstellen, wie Rot, Blau, Grün und Gelb im DISG-Modell nach Marston und Geier. Doch es steht damit nicht im Zusammenhang. Spiral Dynamics stellt nicht auf eine Typologie ab, sondern auf die Art und Weise von Verhalten, Denken, Handeln sowie das daraus entstehende Werte- und Glaubenssystem.

Analyse der Unternehmenskultur nach Spiral Dynamics

So ist die Frage zu beantworten, welche Werte ein Unternehmen bereits lebt und welche davon – aus Sicht des Managements, aber auch der Mitarbeitenden – dienlich beziehungsweise weniger dienlich sind. Darauf folgt die Analyse, welche Werte dem geplanten Entwicklungsweg des Unternehmens bestmöglich dienen können und welches Mindset – d. h. welche generellen Denkweisen, Einstellungen und Meinungen einer Person, der Belegschaft, des gesamten Unternehmens – dies erfordert.

In der Praxis kann die Erstanalyse beispielsweise über eine Einschätzung der Unternehmensleitung und eine anonyme Mitarbeiterbefragung ermittelt werden. In der Eigeneinschätzung (theoretisch) ergeben sich oftmals weiter oben angesiedelte Meme als die tatsächlich gelebten (praktisch), was häufig aus dem Wunsch- oder Zielbild resultiert. Für wirkungsvolle Entwicklungsaktivitäten muss der Status quo jedoch realitätsgetreu – in der Regel über Fragebogen/Mitarbeiterbefragung – ermittelt werden, denn sonst werden die auf der Selbsteinschätzung basierenden Maßnahmen ihre Zielsetzung höchstwahrscheinlich verfehlen.

Übertragen der Erkenntnisse von Spiral Dynamics in den Unternehmenskontext

In der Unternehmenskulturarbeit kann Spiral Dynamics dazu dienen, bestehende Kulturen und deren Potenzial einzuschätzen sowie eine Zielrichtung festzulegen. Der Nutzen liegt im Erkennen des Ist-Zustandes, der Einschätzung von vorherrschenden Werten, dem Erkennen von Ursachen für Konflikte und Schwierigkeiten sowie dem Finden einer gemeinsamen Sprache für die unterschiedlichen Haltungen, die es im Gemisch der Meme eines Unternehmens gibt – denn selbst wenn es eine vorherrschende Unternehmenskultur und somit einen Mem-Schwerpunkte gibt, werden aufgrund der Individualität von Menschen immer unterschiedliche Meme vorhanden sein. Eine unterschiedliche Meme-Zusammensetzung einer Belegschaft fördert – wie bereits angeklungen – durch die unterschiedlichen Denk- und Sichtweisen Vielfalt sowie Ideenreichtum. Dennoch sind Denk- und Verhaltensweisen kontextabhängig, d. h., ein Umfeld formt deren Beteiligten mit. In einer negativ ausgeprägten Form ergibt sich daraus eine kollektive Betriebsblindheit.

Stark administrativ tätige Unternehmen und Einrichtungen haben in der Regel eine Blau-Prägung. Hier sind die Werte Ordnung und Loyalität vorrangig, während sich Unternehmen mit ausgeprägten wirtschaftlichen Interessen üblicherweise eher in Mem Orange bewegen – die führenden Werte sind Leistung und Erfolg. Es kann jedoch auch deutliche Unterschiede zwischen Management und Belegschaft geben, beispielsweise, wenn das Management klare Gewinnorientierung lebt (Orange), die Belegschaft dagegen auf Struktur, Hierarchie und Einhaltung von Berichtslinien wert legt (Blau) – oder auf Gemeinschaftssinn und Gleichbehandlung aller (Grün). Insgesamt gilt es zu berücksichtigen, dass ein bestimmtes Mem kein darunterliegendes ausblendet, das heißt, es ist beispielsweise sehr gut verträglich, wenn ein Unternehmen mit starker Grün-Prägung (soziale Werte, Gemeinschaft) soziale Aspekte in die Unternehmensführung übernimmt und im Sinne von unternehmerischer Sozialverantwortung Lieferketten überprüft, gegebenenfalls Lieferanten austauscht und dabei nach wie vor die wirtschaftliche Gewinnerzielung (Orange) im Fokus hat. Ebenso schließt der Fokus auf Werte, Sinn und Verantwortung (Gelb) nicht aus, dass gewinnorientiert vorgegangen wird (Orange). In Gelb wird jedoch anders damit umgegangen. Erfolg dient nicht lediglich als wirtschaftlicher Faktor, sondern kann beispielsweise vor dem Hintergrund von Wachstum und sinnvollem Ressourceneinsatz verfolgt werden.

Auch die Wertesysteme von Personen können durch das Umfeld beeinflusst werden, jedoch nur zu einem gewissen Grad, denn Werte zählen zur Essenz eines Menschen und lassen oftmals nur wenig Kompromisse zu. Sie sind ausschlaggebend dafür, ob ein Zugehörigkeitsgefühl entstehen kann. Ein Wertekompromiss wird sich langfristig nur bewähren, wenn Mitarbeitende sich dafür in ihrer Persönlichkeit nicht verbiegen müssen. Wer auf Dauer gegen seine Werte lebt und handelt, wird unzufrieden, gegebenenfalls sogar krank und die Arbeitsleistung kann darunter leiden. Vor diesem Hintergrund ist die naheliegende Folge eines kulturellen Miss-Matchings vielmals eine Trennung. Werden dagegen die Bedürfnisse der Mitarbeitenden berücksichtigt, Werte respektiert und in die Kommunikation übernommen, kann ein Zugehörigkeitsgefühl entstehen, da sich die Personen wahrgenommen und verstanden fühlen.

- Beispiel: Grüne Mem-Prägung trifft auf eine blaue – Wenn sich eine Person mit Mem Grün in einer Unternehmenskultur befindet, in der ein ausgeprägtes blaues Mem vorherrscht, trifft das Bedürfnis nach Gleichwertigkeit, Toleranz und Harmonie auf eine Welt, in der man sich Anerkennung erst zeitlich verdienen muss und streng nach Hierarchie gedacht wird. So wird Grün in dieser Struktur voraussichtlich immer ein Wertedefizit verspüren. Als Lösung könnte Blau eine klare Zielvorgabe erhalten, die die Integration, Unterstützung und gleichwertige Behandlung von neuen Kollegen zum Inhalt hat. Grün hingegen könnte die Aufgabe erhalten, an einem Qualitätssicherungsprojekt mitzuarbeiten, welches von Blau geleitet wird und allen Kollegen dieselben Möglichkeiten geben soll, die notwendigen qualitativen Anforderungen zu erfüllen.
- Beispiel: Blaue Mem-Prägung trifft auf Mem Orange – Eine gelungene Verbindung unterschiedlicher Meme und damit Prägungen und Verhaltensweisen kann beispielsweise erfolgen, wenn Blau akzeptiert, dass die Gewinnorientierung von Orange zur Erhaltung des Unternehmens beiträgt, in dem die Einkünfte gesichert werden. Orange erkennt, dass die von Blau geschaffene und vertretene Struktur und Ordnung dabei hilft, die vorhandenen Aufträge abzuarbeiten und die Gewinne pünktlich zu verbuchen.

Erst ab dem Mem Gelb (und somit auch in Türkis) besteht die Fähigkeit, zwischen den darunterliegenden Entwicklungsstufen flexibel zu wechseln, sodass sich eine Person, die sich in Gelb befindet, aufgrund ihrer entwickelten Kompetenzen ohne

Zutun auch gut auf Personen und Organisationen mit grüner, oranger, blauer und roter Struktur einstellen kann, was ein Miteinander deutlich verbessern kann. Ob jedoch ein Beteiligter in Gelb, der nach Sinn und Verantwortung strebt, langfristig in einer Organisation verbleiben wird, die vorrangig andere Werte verfolgt, zum Beispiel Blau-Orange mit starker Regelung und wirtschaftlicher Ergebnisfokussierung, ist trotz des persönlichen Könnens fraglich und von weiteren individuellen Faktoren abhängig.

Im Unternehmenskontext geht es darum, die vorhandenen Persönlichkeitsstrukturen, die eine Kultur ausmachen, konstruktiv zu integrieren, also Handlungen und Kommunikation so zu gestalten, dass sich Personen der einzelnen Meme darin wiederfinden, beziehungsweise sich klar im Hinblick auf nicht erwünschtes Verhalten und Denken einer bestimmten Mem-Struktur (zum Beispiel Aggressivität durch Mem-Anteil Rot) zu positionieren, zu agieren sowie zu reagieren.

Kompakt

Mit Spiral Dynamics kann Verständnis für andere Sichtweisen und deren gezielte Integration geschaffen werden, um sich gemeinsam auf eine Reise zur Kulturentwicklung mit vielfältigen Talenten, Fähigkeiten und Kompetenzen zu begeben. Das kann und sollte bereits mit dem Recruiting beginnen.

Spiral Dynamics im Change Management

Eine Weiterentwicklung einer Unternehmenskultur kann über die aktive Arbeit mit Unternehmenswerten erfolgen. Daher muss ein Change-Konzept zunächst die grundlegende Frage beantworten, welche Sicht-, Denk- und Verhaltensweisen und Werte einer konkreten Unternehmenszielsetzung mehr oder weniger dienlich sind.

Werte, die ein Unternehmen stärken möchte, werden ebenso in den Fokus gerückt wie das entsprechende Verhalten. Die zentrale Botschaft in der Change-Kommunikation sowie die zukünftige Grundlage für Zielvereinbarungen und Beförderungen könnten dann lauten: »Mit der neuen Strategie stärken wir Hilfsbereitschaft sowie Teamarbeit und legen den Fokus auf die strukturierte, reibungslose Zusammenarbeit jeweils mit dem Ziel der Generierung gemeinsamer Erfolge.« Stetes Wiederholen, authentisches dementsprechendes Verhalten von Management und Führungskräften sowie das Aufzeigen von positiven Effekten (Beweise) können eine unternehmenskulturelle Veränderung dementsprechend voranbringen.

Auch die Art und Weise, wie Veränderungen formuliert und begründet werden, ist ausschlaggebend dafür, ob die Mitarbeitenden diese gut aufnehmen oder in Blockadehaltung gehen. Wird die Change-Kommunikation auf die Wertestruktur der Belegschaft angepasst, können als negativ empfundene Botschaften verträglicher angenommen werden. So könnte in der Kommunikation zum Zusammenschluss mit einem Wettbewerber folgendermaßen argumentiert werden: Wir schließen uns mit Unternehmen XY zusammen, weil

- dessen strukturelle Aufstellung gut in unsere integriert werden kann (Blau),
- uns dies neue Ertragschancen sichert und wir damit unsere Wettbewerbsposition verbessern können; wer sich einbringen möchte, kann von interessanten Karrierechancen profitieren (Orange),
- wir der Meinung sind, dass wir kulturell sehr gut zusammenpassen und überzeugt sind, ein gemeinsames Wir formen zu können (Grün),
- wir unserer täglichen Arbeit mehr Sinn geben möchten, in der sich Kreativität entfalten kann und wir zusammen einen übergeordneten Mehrwert für die Gesellschaft schaffen möchten (Gelb).

Auch einer kulturellen Transformation können die Erkenntnisse aus Spiral Dynamics Richtung geben. So kann aktiv auf die Unternehmenskultur eingewirkt und ein bewusster Entwicklungsprozess gestalten werden, in dem Unterschiedlichkeiten wertgeschätzt und positiv genutzt werden: »Wir sind stolz darauf, dass Menschen unterschiedlicher Herkunft und mit unterschiedlichen Talenten in unserem Unternehmen arbeiten (Grün). Das hilft uns, die Anforderungen unserer Kunden zu bedienen, weiterhin erfolgreich zu sein (Orange) und unsere Struktur aufrechtzuerhalten (Blau).«

Durch die Anwendung von Spiral Dynamics zur Analyse und Entwicklung einer Unternehmenskultur können sich folgende Chancen und Hürden ergeben:

- Größte Chancen: Spiral Dynamics ermöglicht eine strukturierte Kulturanalyse mit weitgehender Aussagekraft. Auf Basis der Erkenntnisse können die Weichen für eine Kulturtransformation gestellt werden und die Kommunikation kann zielgerichtet gestaltet werden – sowohl inhaltlich-thematisch als auch in der Wahl der Formulierungen. Im Recruiting beispielsweise kann das Modell zum Finden der passenden Talente genutzt und bei einer Teamzusammenstellung bewusst Homogenität oder Diversität zugrunde gelegt werden.
- Größte Hürden: Spiral Dynamics ist ein komplexes Modell, welches durch seine inhaltliche Tiefe und Bandbreite abstrakt wirken kann. Auch ist für dessen Verständnis umfangreiches Hintergrundwissen notwendig und die Wissensvermittlung kann viel Zeit in Anspruch nehmen, ebenso die notwendige Transferleistung (vom Lesen zur gekonnten Umsetzung) im Sinne einer sicheren Anwendung. Dies kann den Vorbereitungsaufwand deutlich erhöhen und zu Frustration führen, wenn es länger dauert, als ursprünglich gedacht. Auch eine Selbsteinschätzung muss gut angeleitet sein und die Ergebnisse müssen erläutert werden, ansonsten besteht die Gefahr der Missinterpretation. Sowohl die Selbsteinschätzung als auch die Umsetzung sollten keinesfalls unter Zeitdruck erfolgen.

Kompakt

Das Eisberg-Modell, das Kulturmodell von Schein sowie Spiral Dynamics können für ein besseres Verständnis zur Bedeutung von Unternehmenskultur beitragen und gleichzeitig bei der Analyse einer Situation oder des gesamten Unternehmens helfen, den Status quo der Unternehmenskultur zu erfassen, um darauf basierend die weitere Vorgehensweise zur Kulturentwicklung zielgerichtet zu gestalten. Spiral Dynamics ist dabei das deutlich umfangreichere Modell mit weitreichendem Informationsgehalt und vielerlei Einsatzmöglichkeiten.

Vertrauenskultur und Selbstverantwortung

In einer bereits weit entwickelten Organisation sind grundsätzlich Vertrauen (Mem Grün) und Selbstverantwortung (Mem Orange) vorzufinden und entsprechen dem unternehmenskulturellen Selbstverständnis. Bezogen auf das Management und die weiteren Führungskräfte stellt sich vor diesem Hintergrund die Frage, ob diese ausreichend mit Befugnissen ausgestattet sind, um tatsächlich selbstverantwortlich handeln zu können. Hier können Budgetverantwortung sowie Entscheidungs- und Zeichnungsbefugnisse relevant sein. Sofern der Rahmen zu eng gefasst ist (Mem Blau: Kontrolle, Ordnung), kann es als Zeichen mangelnden Vertrauens gewertet werden und zu Frustration sowie Demotivation führen. Dies wird verstärkt, wenn an die betroffenen Manager und Führungskräfte dennoch hohe Erwartungen bezüglich eigenverantwortlichen Handelns und Tragens von Verantwortung gestellt werden. Sind Vertrauen, Befugnisse und Selbstverantwortung allerdings im Einklang, kann dies als positive, unternehmenskulturelle Grundlage dienen, auf der das Change Management aufbauen kann.

In Bezug auf die Mitarbeitenden ist ebenfalls elementar, ob vertraut oder kontrolliert und inwieweit Selbstverantwortung gelebt wird – denn was für die Führungsriege gilt, beziehungsweise was von ihr nach außen getragen sowie vorgelebt wird, überträgt sich als kultureller Rahmen auf die komplette Belegschaft. Hierbei geht es einerseits um den Grad des Vertrauens, der den Mitarbeitenden entgegengebracht wird, andererseits um die Bereitschaft der Mitarbeitenden, diese Verantwortung zu tragen und selbstverantwortlich im Sinne der Unternehmensinteressen zu handeln. Damit ist auch Ergebnisorientierung verbunden – und nicht lediglich die Erfüllung von Aufgaben und Arbeitszeit. Ist in der Führungsriege bereits eine Diskrepanz von theoretischem Vertrauen und gelebtem Misstrauen zu spüren und zu sehen, wird auch dieser Zwiespalt übertragen. Daher bildet die Bereitschaft zu einer kritischen, kontinuierlichen Analyse des Ist-Zustands die Basis für erfolgreiches Change Management.

Für eine realistische Betrachtung gilt es zu berücksichtigen, dass in der Mitarbeiterschaft auch Personen anzutreffen sind, die keine oder nur geringfügig Verantwortung tragen und ausschließlich ihre vertraglich vereinbarte Arbeitszeit sowie Leistung einbringen möchten. Teilweise liegt das daran, dass sie andere Motivatoren und Präferenzen haben, häufig jedoch auch an der empfundenen fehlenden Sinnhaftigkeit und dem mangelnden Verständnis der Bedeutung ihrer Tätigkeit für das Unternehmen. Dies ist eng mit den Unternehmenswerten, der Führungskultur, aber auch mit der Personalauswahl im Recruiting-Prozess verbunden. Gerade in größeren Unternehmen und Konzernen ist dies zu beobachten. In kleinen Unternehmen ist eine solche Haltung (Negation, Unverbundenheit, Desinteresse) meist gar nicht tragbar. Hier ist elementar – und auch deutlich schneller offensichtlich –, ob beziehungsweise dass ein gemeinsames Verständnis vorhanden ist, zumal in den Ergebnissen direkt sichtbar und es wirtschaftlich kaum tragbar ist, wenn Mitarbeitende sich nicht selbstverantwortlich engagieren.

Neues Denken formt neue Unternehmenskulturen

Durch die permanente Zunahme der Marktdynamik mit raschen Veränderungszyklen und dem Anstieg der gesellschaftlichen sowie der wirtschaftlichen Komplexität funktionieren die bisherigen Vorgehensweisen der Unternehmensführung, die eher auf stabilen und berechenbaren Parametern basieren, oftmals nicht mehr wie noch vor einigen Jahren. So sind die bislang bewährten Grundsätze der Unternehmensführung nicht mehr ausreichend und es werden neue Wege und Organisationsformen notwendig.

Flexible **Netzwerkorganisationen** als Organisationsstruktur können eine Lösung darstellen. Dies können eigenständige Unternehmen sein, die rechtlich selbstständig sind und im Netzwerk (Interessenverbund, kombinierbare Produkte und Dienstleistungen) zusammenarbeiten. Auch werden Interessengemeinschaften zur Umsetzung eines gemeinsamen Projektzwecks ins Leben gerufen (Joint Venture), zum Beispiel die gemeinsame Forschung zu einer neuen Technologie. Durch den direkten Marktzugang und die Eigenständigkeit der einzelnen Netzwerkmitglieder sind schnelle Handlungs- und Entscheidungsfähigkeit gegeben. Infolge des Netzwerkverbunds profitieren die Mitglieder von Synergien, Know-how und der Stärke des Netzwerkes. Gegenseitige Empfehlungen können von den Netzwerkpartnern ausgesprochen werden.

Auch innerhalb von Unternehmen und Konzernen wird in **Netzwerkstrukturen** agiert. Dabei erhalten einzelne Geschäfts- und Organisationseinheiten eine hohe Selbstständigkeit und werden als selbstständige Geschäftsbereiche, Profit Center oder Projektorganisationen mit flachen Hierarchien sowie mit operativen Entscheidungskompetenzen ausgestattet, um möglichst eigenständig und nahe am Markt agieren zu können. So muss bei operativen Entscheidungen nicht die komplette Kaskade einer Organisation (von unten nach oben) durchlaufen werden, sondern diese werden direkt in der Einheit getroffen. Während operative Entscheidungen somit dezentral erfolgen, werden strategische Entscheidungen (Budget, Gesamtsteuerung) zentral getroffen, zum Beispiel durch die Konzernleitung, das Management Board. Die Umsetzungsverantwortung für den Geschäftsbetrieb sowie das Ergebnis liegen bei der Geschäftseinheit. Durch die gegebene Verantwortung und operative Entscheidungskompetenz entsteht Flexibilität, um auf Marktgegebenheiten zu reagieren. Dies soll auch die Motivation der Beteiligten stärken. Des Weiteren können durch Straffung von Prozessen sowie Optimierung von Kosten und Produktivität die qualitativen und finanziellen Ergebnisse gesteigert werden (Doppler & Lauterburg, 2019). Durch eine derartige Struktur ist auch eine direkte Ergebnistransparenz gegeben und klar ersichtlich, ob ein Geschäftsbereich, eine Einheit, isoliert betrachtet profitabel ist. Darüber hinaus soll es die übergeordnete Organisation stärken und stabiler machen, denn sofern eine Geschäftseinheit oder Projektorganisation aufgrund von Rückständen oder Personalverlust in Schwierigkeiten gerät, beeinflusst dies nicht gleich die Gesamtorganisation.

Kommt die Fokussierung auf Effizienzsteigerung und wirtschaftlichen Erfolg an ihre Grenzen, beispielsweise durch die Anforderungen von VUKA oder durch einen Bewusstseinswandel der Beteiligten (Bedürfnis nach Sinngebung), sind neue Vorgehensweisen notwendig: eine ganzheitliche Sichtweise sowie neue, innovative Wege des unternehmerischen Denkens und Handelns. So kann die Organisationsform der **Selbstorganisation** in den strategischen Fokus rücken. Dabei werden die traditionellen Pfade einer faktenbasierten, mechanischen, ausschließlich ertragsorientierten Unternehmensführung und Vorgehensweise, wobei Unternehmen als Input-Output-Systeme verstanden und die beteiligten Personen als Ressourcen betrachtet werden, verlassen. Stattdessen wird ein Unternehmen als ein *lebendiges (Öko)System* beziehungsweise *lebendiger Organismus* betrachtet, bei dem Sinnhaftigkeit, Ganzheitlichkeit und Selbstverantwortung im Vordergrund stehen. Vereinfacht gesagt werden die Beteiligten zu Unternehmern im Unternehmen, die Verantwortung übernehmen und Ideen einbringen. Die Basis hierfür sind Vertrauen, Entscheidungskompetenzen sowie entsprechende Strukturen, Regeln und Rollen.

Im Zentrum stehen die sinnstiftende Organisation von Arbeit sowie eine ganzheitliche Betrachtungs- und Herangehensweise, indem ein gemeinsamer Zweck verfolgt wird, der den Beteiligten unter anderem als Antriebsfeder dient (Laloux, 2015). So zu sehen beim niederländischen Unternehmen Buurtzorg (NL), einer Organisation für häusliche Krankenpflege – »Klienten in ihrer Selbstständigkeit zu unterstützen« –, was ein völlig anderer Ansatz ist, als Pflege wirtschaftlich tragbar oder rentabel zu organisieren. Aus dem gemeinsamen, sinnstiftenden Zweck entsteht Energie und Kreativität. Dies führte zu überaus motivierten Mitarbeitenden und 2011 zu der Auszeichnung »mitarbeiterfreundlichstes Unternehmen in Holland«. Buurtzorg startete im Jahr 2007 mit einem Team von vier Pflegekräften und arbeitet heute mit über 10 000 Pflegekräften in 850 selbstorganisierten Teams. Die Entwicklung erklärt Buurtzorg (2022) wie folgt: »Im Wesentlichen befähigt das Programm die Krankenschwestern (und nicht die Pflegeassistenten oder Reinigungskräfte), die gesamte Pflege zu leisten, die die Patienten benötigen. Das hat zwar zu höheren Kosten pro Stunde geführt, aber auch zu weniger Stunden insgesamt. Durch die Änderung des Pflegemodells konnte Buurtzorg die Zahl der Pflegestunden um 50 Prozent senken, die Qualität der Pflege verbessern und die Arbeitszufriedenheit der Mitarbeiter steigern.«

Der Fokus liegt nicht auf wirtschaftlichem Erfolg (Spiral Dynamics Mem Orange), sondern auf Sinnstiftung (Spiral Dynamics Mem Gelb). So werden Hierarchie, Macht und Kontrolle ersetzt durch Gleichberechtigung, Partnerschaft, Selbstverantwortung und Teams, die Entscheidungen treffen können und sollen sowie sich selbst steuern. Doch Selbstverantwortung heißt nicht, dass Chaos herrscht und jeder macht, was er möchte. Es braucht dafür gewisse Strukturen und Regeln, beispielsweise die Größe der Teams, klar definierte Rollen und eine Regelung der Entscheidungskompetenzen – allerdings mit einem dezentralen Ansatz. Die Organisation soll beweglich sein; dafür werden Entscheidungen direkt in den Teams getroffen. So können beispielsweise in gemeinsamer Absprache der Teammitglieder neue Rollen entstehen und es kann entschieden werden, wer diese übernimmt. Es sind keine langwierigen Erläuterungs- und Abstimmungsprozesse notwendig, da direkt ersichtlich und spürbar ist, was und wo es fehlt. Das System ist stets in Bewegung und kann umgehend auf die Gegebenheiten des Marktes reagieren; Veränderung ist permanent sowie einfach möglich.

Dadurch ändert sich auch das Tätigkeitsfeld des Managements. Alle operativen Aufgaben erfolgen nun in den Teams. Folglich kann sich das Management um die tatsächlich strategischen Themen kümmern. Wie diese definiert sind, legt das Unternehmen selbst fest, beispielsweise in einer Entscheidungs- beziehungsweise Delegationsmatrix (Oesterreich & Schröder, 2020). Dies kann bei einem inhabergeführten Unternehmen in der Struktur Inhaber – Geschäftsführung – Belegschaft/Teams gestaltet sein. Der Inhaber bestimmt die Geschäftsführung sowie die ethischen Grundsätze und Regeln im Unternehmen. Die Geschäftsführung erstellt den jährlichen Geschäftsplan und hat für bestimmte Entscheidungen der Teams ein Vetorecht: beispielsweise Personalbedarf definieren, neue Produktlinie einführen, Budgetentscheidungen ab einer bestimmten Höhe. Alle weiteren Entscheidungen werden in den Teams getroffen.

Oftmals wird vermutet, dass es in Selbstorganisationen keinerlei Kontrolle gibt. Dem ist jedoch nicht so. Was allerdings wegfällt, ist die hierarchische Kontrolle, die eher von einer Über- und Unterordnung ausgeht, d. h., einer hat die Macht (Führungskraft) und übt Kontrolle (über Mitarbeitende) aus. In der Selbstorganisation funktioniert das nicht. Hier wird im System (Bereich, Abteilung, Team) selbst kontrolliert – beispielsweise das Einhalten von Budgetvorgaben – durch Feedback und unter Anwendung der gegebenen Regeln. Ist jemand mit einer bestimmten Regel nicht mehr einverstanden, kann sie zur Diskussion gestellt werden. Solange es darüber keine anderweitige Entscheidung gibt, ist sie jedoch zu berücksichtigen. Frederic Laloux (2015) hat neben Buurtzorg weitere Unternehmen analysiert, die den Weg der Selbstorganisation beschritten haben. Eine der wichtigsten Erkenntnisse, wie und weshalb diese Unternehmen funktionieren, ist Folgende:

Kompakt

In der Selbstorganisation werden Menschen nicht als Ressourcen betrachtet, sondern als Partner auf Augenhöhe mit individuellem Ideenreichtum und Schaffenskraft. So kann Neues entstehen und gedeihen.

Damit wird deutlich, dass die Umstellung auf eine Selbstorganisation eine große Veränderung bedeutet und eines echten Wollens – und keinesfalls eines Müssens – bedarf. Das Management verlässt dafür alte Pfade und braucht den Willen und den Mut, Verantwortung zu übertragen sowie die Vorstellungskraft, dass dies funktionieren kann. Hat das Management Angst vor Machtverlust und sieht sich selbst als Dreh- und Angelpunkt des unternehmerischen Erfolgs, sollte dieser Weg nicht beschritten werden. Es bedarf des Bewusstseins, dass Erfolge nur gemeinsam erreicht werden können und keine Einzelleistungen sind.

Was geschieht bei einem Wechsel zur Selbstorganisation mit den Führungskräften? Sie übernehmen andere Rollen und arbeiten gleichberechtigt in den Teams. Ihre Talente und Kompetenzen fließen an den Stellen ein, an denen sie sinnvoll sind. Braucht es jemanden, der Zahlen analysiert, kann beispielsweise der vorherige Controlling-Leiter eine derartige Rolle übernehmen. Auch kann er anderen in einer beratenden Rolle Hilfestellung bei Entscheidungsprozessen geben. Dies erfolgt mit einer Coaching-Haltung. So wird eine Entscheidung nicht (wie früher) von der ehemaligen Führungskraft getroffen, sondern es geht darum, den Anfragenden methodisch zu begleiten und Fragen zu stellen: Wer kann beim Entscheidungsprozess hilfreich sein? Wer verfügt über relevantes Know-how? Sollte dies die frühere Führungskraft selbst sein, ist es wichtig, dass sie den Entscheidungsprozess nicht übernimmt, sondern diesen unterstützt.

Wie funktioniert ein Unternehmen nach dem Wechsel in die Selbstorganisation? Durch die deutliche Verflachung (nahezu Abschaffung) von Hierarchien und den Übergang zu kollektiven Entscheidungsprozessen wird sehr viel zuvor häufig verschüttetes Potenzial geweckt: Der persönliche Antrieb bei den Beteiligten sowie neue Gestaltungsmöglichkeiten und innovative Ideen kommen ans Licht. Auch die Möglichkeit, Neues auszuprobieren und Erfahrungswerte abzuleiten, ist damit verbunden. Ebenso erfährt die Kommunikation neue Entwicklungen: Kommuniziert wird direkt zwischen den beteiligten Personen und Teams – und nicht, wie in hierarchischen Strukturen, oftmals über die jeweilige Führungskraft. So kann Wertschöpfung durch direkte Interaktion zwischen den Beteiligten entstehen. Dabei wird jegliches Tun unternehmerisch ganzheitlich betrachtet, nach Sinn gehandelt und der Unternehmenszweck als Gemeinschaftsinteresse über die Interessen der Einzelnen gestellt (Janssen, 2016, 2021). Eine stabile, glaubhafte Unternehmenskultur, Sinnorientierung, Authentizität, Selbstverantwortung, Vertrauen und Partizipation sind hierfür die relevanten Voraussetzungen – und ganz wichtig die Geduld, den neuen gemeinsamen Weg mit ebenso viel Überzeugung wie Ruhe zu gehen. Selbstverständlich müssen Change-Begleiter die aufgezeigten Kompetenzen und Denkweisen verinnerlicht haben, um eine Organisation auf diesem Weg begleiten zu können.

Chance Management ist kein Sprint

Ob Netzwerkprinzip, Selbstorganisation oder anderweitige Transformation – eine Veränderung der Unternehmensorganisation, der Art zu führen und die daraus resultierenden Konsequenzen auf die Arbeit und Arbeitsweisen können sicherlich nicht von heute auf morgen eingeführt und umgesetzt werden. Auch kann eine Umstellung nicht für jeden Unternehmenszweck sowie jede Belegschaft passend sein. Soll sie jedoch erfolgen, ist es ein zentraler Grundstein, den Rahmen zu klären und festzulegen, wer welche Verantwortung trägt und welche Entscheidungen treffen darf. Das alles kann – wie bereits angemerkt – in einer Verantwortungs-, Delegations- oder Entscheidungsmatrix festgehalten werden, die verständlich und transparent für alle im Unternehmen tätigen Personen kommuniziert wird. Als mögliche Zwischenstufe oder Alternative von beispielsweise konventioneller Unternehmensführung zu Selbstorganisation kann auch ein Rahmen definiert werden, der die Entscheidungswege und -kompetenzen der Verantwortungsbereiche in einer derartigen Matrix regelt, auch wenn dabei die Hierarchie noch eine Rolle spielt. Mitarbeitende, die mehr Struktur benötigen, erhalten dadurch eine gewisse Sicherheit und auch Bestätigung, dass sie tatsächlich Entscheidungen treffen sollen. Dies sorgt für Klarheit und kann den Mut zur Selbstverantwortung sukzessive fördern. Auch hier bedarf es Geduld, bis alles eingespielt ist und reibungslos funktioniert.

New Work formt ein neues Mindset

New Work ist ein Sammelbegriff, der oftmals unterschiedlich verstanden und ausgelegt wird. Entwickelt hat er sich aus den Veränderungen durch die zunehmende Digitalisierung und Globalisierung sowie deren Auswirkungen auf die Arbeitswelt. Der Philosoph und Anthropologe Frithjof Bergmann (1930–2021) wird häufig als Begründer der *New-Work-Bewegung* genannt. Bei seinen Ausführungen (2005) ging er davon aus, dass wirkliche Freiheit erst dann entsteht, wenn Menschen erkennen, was sie in ihrem Leben wirklich tun möchten und wie ihnen dies ermöglicht wird. Sein Credo lautet Selbstbestimmung, Kreativität und Leidenschaft. Er beschäftigte sich mit der notwendigen »mentalen Veränderung gegenüber Arbeit« sowie den (Frei-)Räumen und Möglichkeiten, derer es für eine entsprechende Transformation bedarf. Diese Gedanken aufgreifend, lassen sich für New Work zwei zentrale Sichtweisen aufzeigen (Laloux, 2019):

1. New Work als Werkzeugkiste mit agilen Tools und Formaten, um Arbeit nach den neuen Anforderungen zu organisieren und umzusetzen, beispielsweise agile For-

mate wie Scrum. Ebenso gehört dazu die Flexibilität bei der Arbeitsorganisation und der Wahl des Arbeitsortes, beispielsweise Remote Working, Homeoffice, eigentlich von (beinahe) überall aus, nur nicht verpflichtend vor Ort im Unternehmen;
2. New Work als übergeordnetes Denken und als Weltanschauung vor allem bezogen auf sinnstiftende und zukunftsgerichtete Arbeit (Sinn, Bedeutung, höherer Zweck), wie beispielsweise in einer Selbstorganisation.

Unabhängig von der detaillierten Auslegung geht es um die Frage, wie Arbeit gestaltet werden kann, um weiterhin für die Beteiligten attraktiv zu sein. Sie wird auch vor dem Hintergrund der Entwicklungen am Arbeitsmarkt sowie dem damit verbundenen Mangel an Fach- und Arbeitskräften immer wichtiger. Wie kann ein Unternehmen die Arbeitsbedingungen so organisieren, dass Menschen genau für dieses Unternehmen arbeiten möchten? Wie kann die Arbeitsorganisation Antworten auf veränderte Lebens- und Arbeitsanforderungen, wie papierloses, digitales Arbeiten und Onlinemeetings statt Präsenz, geben? Was vor einigen Jahren noch mit dem Tischkicker, dem Obstkorb und kostenfreien Getränken im Unternehmen erreicht werden sollte, funktioniert heute nicht mehr. Die Bedürfnisse haben sich deutlich weiterentwickelt. So stehen Wertschätzung, die Möglichkeit zur aktiven Mitwirkung sowie selbstverantwortliches Arbeiten ganz weit vorne, wenn es um eine Bewertung der Arbeitgeberattraktivität geht.

Als Kernkriterien für eine Jobauswahl und den damit verbundenen Anforderungen eines attraktiven Gesamtpaketes werden häufig genannt (Hermann & Zimmermann, 2020):

- Gehalt und sonstige finanziellen Leistungen,
- flexible Arbeitszeiten,
- Karriere und Weiterbildungsmöglichkeiten,
- Unternehmenskultur,
- sinnstiftende Aufgaben.

1.4 Keine Veränderung ohne Emotionen

Werden Veränderungen in Unternehmen einschneidend und negativ empfunden, können bei den Betroffenen starke emotionale Reaktionen ausgelöst werden, die einen ambitionierten Zeitplan im Change Management spürbar aufhalten können. Doch wer sich rechtzeitig damit beschäftigt und Verständnis für die Phasen einer Veränderung entwickelt, kann ganz anders agieren – denn in Veränderungssituationen aufkommende Emotionen zeigen sich meist nach einem bestimmten Ablaufmuster (Abb. 5). In der Praxis und vor allem für die Beteiligten ist dies in der Regel alles andere als ein durchlaufender Prozess. Er kann vielschichtig und langwierig sein. Wer als Betroffener in einer Veränderung steckt, kann diese leicht als das Ende der guten Zeiten verstehen und rasch in ein gedankliches sowie emotionales Negativszenario einsteigen. In einer derartigen Gemütslage werden Lösungen meist weder direkt erkannt noch besteht Bereitschaft, diese anzunehmen, da der Schock viel zu tief sitzt und die damit verbundenen negativen Gefühle lähmend wirken können. Dennoch sei der Ablauf zusammenhängend und beispielhaft aufgezeigt, um zu verstehen, wie Menschen auf Veränderungen reagieren können.

Eine *Information* bezüglich einer aus persönlicher Sicht unvorteilhaften bis fatalen anstehenden Veränderung (Verkauf eines Unternehmensteils) wird zunächst als *Schock* aufgenommen. Dies kann persönlich und damit auch auf die Arbeit bezogen eine lähmende Wirkung haben und in *Ablehnung* münden (Trennung von langjährigen Kollegen, Angst vor wirtschaftlichem Abstieg und Arbeitsplatzverlust). Bevor sich *Einsicht* und *Akzeptanz* einstellen (»vielleicht macht das ja doch Sinn, und wenn ich es eh nicht ändern kann, lasse ich mich darauf ein«), wird so manche emotionale Schleife und Blockade durchlebt (Rückschritte, Infrage-Stellen, Unverständnis, Wehmut, Wut). Die Change-Begleiter, das Management und die weiteren Führungskräfte sind gut beraten, wenn sie die Mitarbeitenden auf dieser emotionalen Reise eng begleiten, transparent kommunizieren sowie vor allem zuhören und die Sorgen und Zweifel ernst nehmen. Erfahren die Mitarbeitenden im wahrsten Sinne des Wortes Zuwendung, erhöht sich die Chance auf die Bereitschaft zum *Ausprobieren* (sich darauf einlassen) der mit einer Veränderung verbundenen Neuerungen. Sobald diese vorhanden ist, kann die *Erkenntnis* gewonnen werden, dass eine Veränderung sinnvoll und notwendig ist (»möglicherweise ergeben sich ungeahnte positive Erfahrungen und neue Chancen«). So können schließlich die Neuerungen in der Phase der *Integration* nachhaltig verankert werden (Kübler-Ross, 1973, 2015; Streich, 1997). Auch dies bedarf einer Change-Begleitung, bis die neuen Vorgehensweisen bei den handelnden Personen integriert sind und Stresssituationen beherrscht werden. Hier fallen die Beteiligten oftmals in alte Muster und Denkschleifen zurück (»ich habe doch von Anfang an gewusst, dass das keine gute Idee ist«). Im Ergebnis zeigt sich häufig erst nach diesem Prozess ein Return, wobei darunter meist direkte wirtschaftliche Auswirkungen verstanden werden. Ebenso gut aber können und sollten dies integrative und soziale Aspekte sein, wie die positive Veränderung der Unternehmenskultur, die Harmonisierung von Problemfeldern oder die soziale Integration bei einer Zusammenlegung von Unternehmens- und Geschäftsbereichen. Diese Phasen werden im Change Management als *Change-Kurve* oder auch *Kurve der Veränderung* bezeichnet (Kübler-Ross, 1973; Streich, 1997).

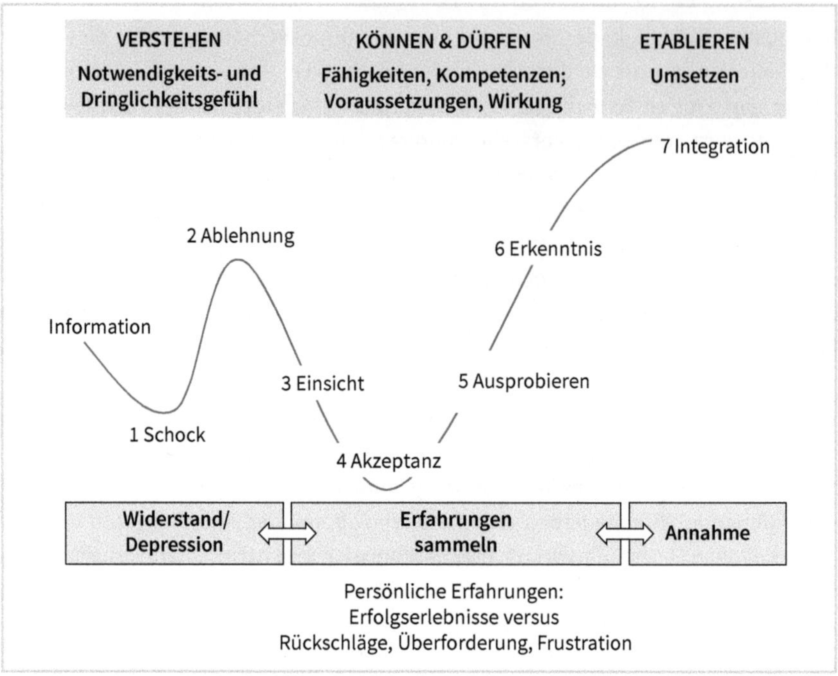

Abb. 5: Change-Kurve – Phasen einer Veränderung (in Anlehnung an Kübler-Ross, 1973; Streich, 1997)

Im ersten Abschnitt *Widerstand/Depression* ist es wichtig, für Verständnis und Kenntnis der Hintergründe der Veränderungsmaßnahmen zu sorgen und ein nachvollziehbares Notwendigkeits- und Dringlichkeitsgefühl auszulösen, sodass der Übertritt zum Abschnitt *Erfahrungen sammeln* erfolgen kann. In dieser Phase ist es hilfreich, die Belegschaft mit Fähigkeiten und Kompetenzen in die Lage zu versetzen, mit der neuen Situation umgehen zu können und organisatorisch alle notwendigen Voraussetzungen zu schaffen, zum Beispiel Systemzugriffe und Arbeitsstrukturen, damit ein Ausprobieren praktisch möglich wird. Hieraus ergeben sich bei den Beteiligten persönliche Erfahrungen in Form von Erfolgserlebnissen, aber auch Rückschläge, Überforderung und Frustration können auftreten. All das kann durchlebt werden, bevor es in die *Annahme* geht, in der Umsetzung und Integration erfolgen können. Dabei hilft auch, einen aktiven Prozess zu integrieren, um im Rahmen einer Abschiedsbekundung das Alte bewusst loszulassen. Dafür ist es notwendig, bestehende negative Gefühle gegenüber dem Neuen durch das Würdigen und Verabschieden des Bisherigen anzuerkennen und die Bereitschaft für die Veränderung zu stärken. Gerade wenn Personen das Unternehmen verlassen, sollte dies in einem möglichst wertschätzenden Rahmen erfolgen und eine ebensolche Trennung ermöglicht werden. Dabei geht es nicht nur um das Verabschieden der ausscheidenden Personen, sondern auch um die Erzählungen und die Eindrücke der im Unternehmen verbliebenen Mitarbeitenden. Erfolgt dies nicht, kann es durchaus passieren, dass die gehenden Personen zukünftig noch eine passive Rolle spielen, zum Beispiel durch negative Kommunikation oder durch einen bitteren Beigeschmack, der für die Verbleibenden entstehen kann. Daher sollten sich Unternehmensentscheider beziehungsweise Führungskräfte bewusst darüber sein, dass Unternehmenskultur auch von der Art und Weise des Trennungsmanagements beeinflusst wird.

Veränderungskurven verlaufen in der Regel je Hierarchiegruppe zeitversetzt (Abb. 6). Üblicherweise hat die oberste Führungsebene einen deutlichen Informationsvorsprung. Während diese sich bereits mit dem Akzeptieren einer Veränderung beschäftigt, befinden sich die (deutlich) später informierte untere Ebene sowie die Mitarbeitenden oftmals noch mitten in der Depression. Sie haben mit der Bewältigung des Schocks zu kämpfen und reagieren gegebenenfalls mit Ablehnung sowie Widerstand. Dieses Hintergrundwissen kann dabei helfen, emotionale Aspekte negativ empfundener Veränderungen besser einzuschätzen und den Verlauf vorherzusehen, sodass mit aktiver Personalführung und Kommunikation situationsspezifisch sowie zielführend begleitet werden kann.

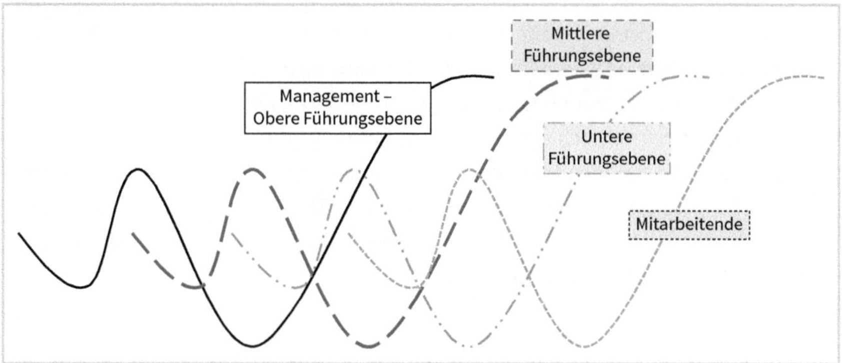

Abb. 6: Zeitversetzte Veränderungskurven je Hierarchiegruppe (in Anlehnung an Streich, 1997)

1.5 Interne oder externe Change-Experten?

Bevor mit einem Change-Vorhaben begonnen wird, stellt sich auch die Frage, wer es federführend plant, leitet und die Beteiligten unterstützt. Dafür können interne oder externe Experten hinzugezogen werden.

Externe Change-Experten sind meist Berater und bringen Markterfahrung und unterschiedlichste Sichtweisen aus der Zusammenarbeit mit zahlreichen anderen Unternehmen mit. Sie werden als Strategie-, Prozess-, Umsetzungs- oder Fachberater für ihren professionellen, neutralen Blick aus der Metaperspektive und aufgrund der auf ihrem Erfahrungsschatz basierenden Kompetenzen beauftragt. Ein Unternehmen kauft mit externen Change-Beratern die Change-Kompetenz ein und sorgt für einen organisatorischen sowie emotionalen Abstand zwischen Change-Experten und

Change-Betroffenen. Durch ihren zeitlich befristeten Einsatz könnte jedoch die nachhaltige Verankerung der Veränderung beeinträchtigt sein, da sich nach dem Fortgang der Experten gegebenenfalls keiner mehr verantwortlich fühlt und sich alte Muster wieder einschleichen.

Bei den *internen Change-Experten* kann nach unterschiedlichen Ausprägungen differenziert werden. So gibt es echte Change-Leader, deren Kenntnisse aus Erfahrungswissen und -kompetenzen resultieren. Die Change-Manager haben meist eine Aus- oder Weiterbildung zur Entwicklung von Veränderungskompetenz – vor allem Teamentwicklung und Workshops zur Reflexion der eigenen Rolle – absolviert, während Change-Controller in der Regel über keine spezifische Ausbildung für Veränderungskompetenz verfügen, sondern in der Praxis die Aufgabe haben, den Informationsfluss Top-down zu gewährleisten (Bohn & Crummenerl, 2015). Gibt es in einem Unternehmen die Rolle des internen Change-Experten und ist dieser (oder mehrere) nicht von den Change-Beteiligten oder dem Auftraggeber abhängig, sodass frei von Interessenkonflikten agiert werden kann, haben die internen Spezialisten gegenüber den externen den Vorteil, bereits Experten im Feld zu sein und die Gegebenheiten sowie die Spielregeln des Systems zu kennen. Gleichzeitig birgt es die Gefahr der blinden Flecken in sich, weil so manches, was ein externer Berater erfragen müsste, für einen internen völlig offensichtlich erscheint – und somit schnell übersehen werden kann. In jedem Fall sollte genügend zeitlicher Freiraum für die Change-Aufgaben vorhanden sein, was bei internen Change-Experten der betroffenen Geschäftsbereiche jedoch häufig nicht der Fall ist. Sinnvoll kann vor diesem Hintergrund eine Kombination aus internen und externen Change-Experten sein.

2 Das Unternehmen als System

Wer in Unternehmen arbeitet, befindet sich bereits mitten in einem System aus Regeln, Gesetzmäßigkeiten und Abhängigkeiten. Sie laufen häufig unbewusst ab und erscheinen denjenigen, die bereits seit einiger Zeit Beteiligte sind, als typisch beziehungsweise »normal«. Derartige Muster im System zu erkennen und kritisch zu prüfen, ist Basis für das Change Management, um Veränderungen nachvollziehbar und wirkungsvoll anzustoßen.

2.1 Der systemische Blickwinkel – ganzheitliches Denken

Der systemische Ansatz folgt einer ganzheitlichen Sichtweise und geht davon aus, dass ein Unternehmen ein System mit vielen unterschiedlichen und komplexen Beziehungen ist. Er hilft dabei, zu verstehen, wie Systeme funktionieren und was innerhalb dieser abläuft. Im Change Management liegt ein klarer Vorteil darin, dass mit diesem umfassenden Ansatz den geplanten Veränderungsprozessen mehr Tiefe und Wirkmöglichkeit gegeben werden können. Statt einer isolierten Problem- oder Situationsbetrachtung werden alle systemrelevanten Personen und Gruppen sowie ihre Interaktionen und Wechselwirkungen mit- und untereinander analysiert. Sowohl die formale Seite in Form von offiziellen Regelungen als auch die informale Seite mit allen nicht formulierten, dennoch geltenden Erwartungen und Verhaltensweisen werden einbezogen (Kühl, 2011).

Systemrelevant ist dabei jeder und alles, was auf das System des Unternehmens in Bezug auf das Problem und die zu verändernde Situation einwirkt. Dazu gehören der oder die Problemauslöser für die aktuelle Situation sowie weitere Problem- und Lösungsbeteiligte, die bei Weitem nicht immer deckungsgleich sind. Es können alle im Unternehmen tätigen Personen, Kunden, Lieferanten, aber auch Bereiche und Märkte systemrelevant sein. Über eine transparente und zielgerichtete Kommunikation können diese Zusammenhänge sowie die Haltung ihnen gegenüber – Einigkeit oder Ablehnung – verbal oder nonverbal sicht- beziehungsweise hörbar werden. Jedes System spricht seine eigene Sprache und versteht diese auch am besten. Nicht nur aufgrund dessen ist ein Unternehmenssystem immer individuell zu betrachten. Wie es in Firma A funktioniert und die Beteiligten agieren sowie interagieren, kann nicht auf Firma B, C oder D übertragen werden. Und auch innerhalb einer Firma kann es mehrere Sprachgepflogenheiten und Regeln geben. Es gilt somit, zunächst die systemindividuellen Regeln im Detail zu analysieren, wofür Geduld, akribisches Nachfragen und absolute Konzentration erforderlich sind, um sich in einem kurzen Zeitraum, zum Beispiel während eines Gespräches, einen möglichst weit- und tiefgehenden Einblick zu verschaffen, bis das Kernthema aufgespürt ist. Aber auch wie Beteiligte miteinander umgehen, was an ihrer Körpersprache und Mimik beobachtet werden kann, »wer mit wem kann« oder eben nicht, liefert ebenfalls hilfreiche Informationen für das große Bild.

Ein System in Bewegung

Wenn die vorherrschenden Systemregeln nicht beachtet werden, könnten neu hinzukommende Personen wie externe und interne Change-Experten oder Führungskräfte, aber auch deren Vorgehensweisen – wiederum bewusst oder unbewusst – von einem System als Gefahr eingestuft und mindestens zunächst abgelehnt werden. Dies kann sich beispielsweise dadurch zeigen, dass Personen bei Meeting-Einladungen vergessen beziehungsweise bei strategisch wichtigen Themen übergangen werden oder Termine so gelegt sind, dass nicht alle teilnehmen können. Dadurch kann die Umsetzung eines Veränderungsvorhabens auf mehr oder weniger subtile Art und Weise beeinträchtigt, verzögert oder verhindert werden.

Ob Neuankömmling im Unternehmen oder bereits Führungskraft sowie Change-Experten: Im Verborgenen liegende und unterschwellige Gesetzmäßigkeiten des Systems sind oftmals schwer zu erkennen, häufig erschwert durch etablierte Macht- und Angststrukturen – beispielsweise, wenn in einem Unternehmen zur Unterstützung einer Kulturtransformation Personen eingestellt werden, die das neue gewünschte Mindset bereits innehaben und gezielt für diesbezügliche Bewegung im System sorgen und frischen Wind einbringen sollen. Oftmals ist dann Gegenwehr der etablierten Beteiligten vorprogrammiert. Dabei geht es meist um Ängste oder Machterhalt und -ausweitung beziehungsweise die Angst vor Machtverlust. Besonders in einem vorherrschenden System mit ausgeprägter Wertestruktur von Hierarchie, Regeln, Ordnung (Kapitel 1.3, Spiral Dynamics, Mem Blau) kann bereits die Einstellung von Personen mit anderen Denk- und Sichtweisen eine große Herausforderung für das System bedeuten und für Verunsicherung und Unverständnis sorgen. Bezieht man dies im größeren Kontext auf eine Veränderungssituation, kann es eine (unbewusste) Strategie von Personen des etablierten Systems sein, das Alte zu festigen und zu verteidigen, da es vermeintliche Sicherheit gibt. Wenn dann Altbewährtes infrage gestellt wird, beispielsweise bei einer Kulturtransformation, und bisherige Strategien und Vorgehensweisen verändert werden, kann rasch Widerstand entstehen. Dann werden Mauern aufgebaut, diese vehement verteidigt – offensichtlich, verdeckt oder unterschwellig. Bildlich gibt dies ein im Change oft zitiertes chinesisches Sprichwort wieder: »Wenn der Wind der Veränderung weht, bauen die einen Mauern und die anderen Windmühlen.« Hier braucht es Mut und Durchhaltevermögen, um das zugrunde liegende Problem als solches zu erkennen, gegenzusteuern und sich nicht mit Ausflüchten zufriedenzugeben.

Um ein System im positiven Sinne in Bewegung zu bringen, aktiv zu kommunizieren, was für eine erfolgreiche Zukunft dienlich ist und von was man sich trennen möchte, muss dies seitens des Managements und der Führungskräfte bewusst begleitet werden. Vor allem muss in einem übergeordneten Rahmen verständlich erklärt werden, was die Vision und Zielsetzung einer Veränderung bedeuten, beispielsweise bei einer Kulturtransformation das entsprechende Verständnis des Unternehmens und was dies an Neuerungen mit sich bringt. Den Aktivitäten der Systembeteiligten sind auch in den unterschwelligen

Handlungen, Verhaltensweisen und der Kommunikation kritische Beachtung zu schenken und bei Notwendigkeit sind klare Zeichen zu setzen. Somit befindet man sich bereits mitten im Change Management. Ein Change-Konzept muss immer auch Antworten hierauf beinhalten. In welcher Art und Weise am besten wirksam agiert und reagiert werden kann, ist abhängig davon, welche Sprache das System (die Beteiligten) spricht und versteht. Dies ist wiederum stark vom vorherrschenden Wertesystem geprägt sowie von den resultierenden Glaubenssätzen, Denk- und Verhaltensweisen abhängig.

Wer trägt die Entscheidungskompetenz?

Wichtig ist auch die Beantwortung der Frage, wer die Entscheidungen in einem Unternehmen beeinflusst. Nicht immer sind es die Personen, die in einem Organigramm ganz oben stehen. Dies kann auch ein ehemaliger Manager sein, der seine Leitungsfunktion zwar abgegeben hat, aber weiterhin als Seniorexperte im Unternehmen arbeitet, oder ein Geschäftsbereichsleiter, der eine enge Verbindung zum Vorstandsvorsitzenden hat und inoffiziell oftmals zurate gezogen wird. Bei internationalen Unternehmen ist zu hinterfragen, wie viel Entscheidungsbefugnis das lokale Management tatsächlich besitzt und wie stark sich der Einfluss der internationalen Geschäftsleitung auswirkt. Ebenso relevant und meist nicht direkt zu erkennen sind alte und neue Seilschaften sowie private Verbindungen. So können Vorstandsvorsitzender, IT- und HR-Leiter eine gemeinsame Vergangenheit haben, am selben Nachwuchsführungsprogramm teilgenommen haben, privat befreundet sein und im regelmäßigen, engen Austausch stehen. All das gilt es zu berücksichtigen, um die Zusammenhänge vollständig zu erfassen und die systemrelevanten Entscheidungstragenden mit ins Boot holen zu können.

Wie können Systemgesetze positiv genutzt werden?

Ein Change-Experte, aber auch das Management und die Führungskräfte können mithilfe der systemischen Sichtweise analysieren, welche Grundhaltungen vorhanden sind. Einige Systemgesetze sind eher einfach zu durchschauen, wie Vertrauens- oder Kontrollkultur, miteinander oder übereinander reden, aus Fehlern lernen oder sie verurteilen, Wissen teilen oder horten. Bereits die Entscheidung, für ein Change-Vorhaben Personen hinzuzuziehen sowie die Personenauswahl an sich bedeuten aus systemischer Sicht einen Eingriff in das System, ebenso jegliches Agieren, Reagieren und Interagieren (Königswieser & Exner, 2019). Schwierig wird es, wenn es um Machtstrukturen und subtile Handlungen und Reaktionen geht, beispielsweise, wenn unterschwellig blockiert oder intrigiert wird, um bisherige Vorgehensweisen aufrechtzuerhalten. All das muss sich jeder Change-Verantwortliche bewusst machen, auch wenn in der Praxis nicht jede Handlung und personelle Entscheidung systemisch vorgeplant durchgeführt werden kann. Allein die Sensibilisierung hierfür und das bewusste Training der diesbezüglichen systemischen Wahrnehmung kann für den Anwender einen Erkenntnisgewinn bedeuten sowie eine Hilfestellung sein, Change-Vorhaben zielführend zu begleiten. Darüber hinaus gilt es zu verfolgen, was geschieht, wenn Personen neu in ein System eintreten und wie sich dies als Impuls auf das System auswirkt, um wiederum daran anzuknüpfen. Systeme sind durch ihre Interaktionen ständig im Austausch und reagieren auf jegliche Veränderung, die die eingespielten Systemgesetze in Bewegung bringen. So erfolgt immer wieder aufs Neue ein Wechselspiel zwischen Systembewahrung und Systemveränderung.

2.2 Mehrebenen-Ansatz – Individuum, Gruppe, Organisation

Der *Mehrebenen-Ansatz* kann helfen, Unternehmen und deren zu verändernde Situation strukturiert zu betrachten und zielführende Change-Maßnahmen abzuleiten. Hierbei werden die Handlungen der Beteiligten auf mehreren Ebenen analysiert (Greif, 2005), namentlich drei beziehungsweise fünf: die Ebenen *Individuum*, *Gruppe* und *Organisation* (Cranach, 1996, 2018). Der Vollständigkeit halber sind die beiden Ebenen *Gesellschaft* inklusive der nationalen Wirtschaft und der gesamten *Weltwirtschaft* zu ergänzen (Greif, Runde & Seeberg, 2004). Für den Einstieg in die systemische Betrachtungsweise werden im Folgenden die drei erstgenannten Ebenen herangezogen.

Ein *Individuum* kann eine Person innerhalb der Belegschaft, bei Kunden oder Lieferanten sowie allen anderen beteiligten Stellen sein. Eine *Gruppe* ist oftmals ein Team, eine Abteilung oder eine informelle Gruppe, deren Mitglieder einen Bezug zueinander haben, beispielsweise Führungskräfte, die, wie im Beispiel aufgezeigt, gemeinsam ein Entwicklungsprogramm durchlaufen haben, eine aufgelöste Abteilung, deren Mitglieder jedoch noch den Zusammenhalt pflegen. Unter einer *Organisation* kann das Unternehmen verstanden werden – ebenso wie einzelne Organisationseinheiten.

Es gilt stets die Frage zu beantworten, auf welcher Ebene ein Problem entstanden ist, auf welcher sich eine Reaktion zeigt und auf welche es sich auswirkt. Zu berücksichtigen ist in diesem Zusammenhang Folgendes:

- Die einzelnen Systemebenen sind vernetzt und greifen ineinander, denn die oberen Ebenen Organisation und Gruppe beinhalten zwangsläufig auch die Ebenen darunter (Gruppe, Individuum) und organisieren sie. Die einzelnen Ebenen bedingen sich gegenseitig und es bilden sich Aufgaben-, Kommunikations- und Ausführungsstrukturen (Greif, Runde & Seeberg, 2004). So regelt eine Organisation beispielsweise die Arbeitsprozesse, die von den Individuen ausgeführt und somit angenommen, jedoch auch abgelehnt werden können. Letzteres erzeugt Widerstand, der sich offen oder verdeckt oftmals auf kollektiver Gruppenebene zeigt.
- Eine Gruppe beziehungsweise Organisation ist mehr als die Summe aller Mitglieder mit ihrem jeweiligen Verhalten, denn Systeme haben eine übergeordnete Wirkung und sind einflussreicher als die wichtigste Einzelperson. So können Gruppen wie Abteilungen, Teams, Projekt- oder Interessengruppen in einem System ausschlaggebender sein als eine Einzelperson, die in der Hierarchie deutlich höher steht (zum Beispiel der Geschäftsführer oder Vorstand).

- Welches Unternehmen kennt ihn nicht, den inneren Kreis (Inner Circle) als eine Gruppe, die nicht auf eine organisatorische Einteilung zurückgeführt werden kann, sich aber im Laufe der Zeit gebildet hat und die Strippen in Abteilungen, Geschäftseinheiten oder sogar im Unternehmen zu ziehen scheint. Solche informellen Kreise entstehen in Unternehmen aller Größenordnungen, denn es sind immer Menschen, die agieren und interagieren und sich aufgrund spezifischer Interessen und Bedürfnisse zusammentun.

All das mag abstrakt klingen und als ob dies womöglich nicht in den Griff zu bekommen wäre. Beschäftigt man sich jedoch mit diesem (Hintergrund-)Wissen, gewinnt man immer mehr Klarheit in der Analyse und kann im Rahmen des Change Managements ebenenspezifisch handeln sowie das Change-Management-Konzept zielgerichtet gestalten.

2.3 Wer die Interaktionsmuster kennt, kann sie verändern

Aus den Aktionen und Reaktionen von Personen und Gruppen entstehen Interaktionen. Wiederholen sich diese immer wieder, wird von *Interaktionsmustern* gesprochen. In praktischer Beobachtung sind dies Anlässe, die oftmals mit einem »Damit war zu rechnen« oder »Das ist wieder mal typisch« kommentiert werden. Derartige Muster ergeben sich sowohl in Präsenz- als auch in virtuell agierenden Organisationen, in Präsenzorganisationen zeigen sich die Muster nur gegebenenfalls rascher. Auch Netzwerkorganisationen (Kapitel 1.3, Unternehmensverbünde; eigenständige Unternehmen arbeiten im Netzwerk zusammen) unterliegen einer systemischen Verbindung, denn auch hier arbeiten Menschen im System zusammen. Alle haben sie gemeinsam, dass Verhalten und Interaktionen zu Verhaltensmustern und Regeln geführt haben, welche die Sicht- und Denkweisen der Beteiligten prägen, sich in ihren Handlungen zeigen und entsprechende Wirkmechanismen und Rückkopplungen auslösen. Da sie sich gegenseitig bedingen, werden sie auch als *zirkulär* bezeichnet (Simon, 2014). Dies kann zu hartnäckigen Wiederholungsschleifen führen, die über einen längeren Zeitraum stets in demselben Muster ablaufen und im System als störend wirken können (Königswieser & Exner, 2019). So hält beispielsweise eine Gruppe (Ebene Gruppe) eine konkrete Sichtweise hoch und aufrecht, wie ein Markt und ein Unternehmen (Ebene Organisation) funktionieren. Personen, die diesbezüglich neue Sichtweisen einbringen (Ebene Person), werden abgelehnt. Das hat meist keinen persönlichen Hintergrund, sondern das Altsystem sieht sich in seiner Stabilität gefährdet und wird versuchen, die das System störende Person zu demontieren oder sogar zu eliminieren. Gelingt es, wird das Altsystem bestätigt und es wird voraussichtlich weiterhin *noch mehr vom Bisherigen* produzieren – mit immer größerer Anstrengung, bis das System irgendwann auseinanderbricht, weil die Diskrepanz zwischen System, Notwendigkeit und Außenwelt (zum Beispiel Märkte und Kunden) zu groß wird. Anstatt eine Weiterentwicklung anzustreben, beschäftigt es sich mit sich selbst, seinem System- sowie Mustererhalt und nimmt die internen Herausforderungen sowie die externe Marktentwicklung nicht oder zu spät wahr.

Üblicherweise sind Interaktionsmuster von Intransparenz und Abhängigkeiten geprägt, denn sie sind meist nicht direkt sichtbar und Zusammenhänge schwer zu durchschauen. So laufen Muster und Regeln oftmals unbewusst ab und werden automatisch auch in das kollektive Verhalten übernommen. Dabei spielen die Eigendynamik des Systems wie auch unterschiedliche (persönliche) Ziele sowie Vorhaben von Interessengruppen ein. Im Positiven führt dies zur gemeinsamen Weiterentwicklung, im Negativen zu hinderlichen Mustern. So wird deutlich, dass es Mut und Beharrlichkeit, Sensibilität, Aufmerksamkeit, Präsenz und konzentrierter Auffassungsgabe bedarf, um erst einmal zu eruieren, worum es in einer änderungsnotwendigen Situation tatsächlich geht, was ausgeblendet wird und welche Denk- sowie Verhaltensmuster vorliegen. Dabei werden die Gegebenheiten so lange sachlich und mit neutraler Haltung analysiert, bis die Ursache auf der jeweiligen Ebene aufgedeckt ist. Wenn dabei Sätze fallen, die eine Handlungsfolge erkennen lassen, kommt man einem Interaktionsmuster als Systemgesetz schon nahe. Sobald Aussagen beispielsweise »Immer, wenn ..., dann ...« beinhalten, gilt es, der Spur nachzugehen und umgehend folgende Fragen zu stellen: »Wie äußert sich das genau? Woran machen Sie das fest? Wen betrifft es (noch)? Können Sie weitere Beispiele nennen?« Erst wenn das geklärt ist, sollte es in die konkrete Planung und Umsetzung weiterer Aktivitäten gehen.

Veränderung von hinderlichen Mustern und Regeln im System

Ist ein hemmendes oder störendes Systemgesetz identifiziert worden (beispielsweise kategorisches Ablehnen von neuen Vorgehensweisen aufgrund von Angst vor Veränderung), kann das dahinterliegende Muster (Festhalten an bisherigen Vorgehensweisen gibt Sicherheit) erkannt und verändert werden. Doch um nicht zu scheitern, ist es wichtig, zu wissen, dass Systeme sich grundsätzlich selbst erhalten (wollen). Sie setzen ihre eigenen Maßstäbe, grenzen sich von der Umwelt ab und beziehen sich auf sich selbst – sie sind selbstreferenziell –, um ihren Fortbestand zu sichern (Simon, 2014). In der Praxis bedeutet dies, dass eine Gruppe von Beteiligten im Sinne eines Systemerhalts enorme Energie aufwenden kann, um die eingespielten Regeln fortzuführen und dafür auch jegliches Feedback von außen vehement ausblendet. Deshalb ist zur Veränderung eines im System integrierten Musters zielgerichtete und präzise Vorbereitung notwendig, denn es ist mit Gegenwind zu rechnen. So ist eine situationsspezifische Vorgehensweise erforderlich, die dann am wirksamsten ist, wenn das gewählte Handeln von dem bisher Gewohnten abweicht und im System einen Schockmoment oder zumindest eine Irritation und Überraschung auslöst. Diese Handlungen scheinen auf Ebene der Gruppe oder der Person naheliegend, doch auch auf Ebene der Organisation können sie wirken, wenn beispielsweise eine Position im Management (bisher 60-jähriger, traditionsbewusster Manager) mit einer Person (Frau, Mitte 30) besetzt wird, die ein neues Führungsbild (keine/flache Hierarchien) vermittelt, zum Beispiel aufgrund des soziobiografischen Hintergrunds (andere Nationalität, Studium Innovationsmanagement) und neue Sicht- und Verhaltensweisen (Flexibilität und Innovation vor Tradition) mitbringt.

Ein weiteres Beispiel zur Veränderung von eingespielten Mustern: Unerwünschte Verhaltensweisen werden offenkundig sanktioniert. So erfolgt bei einem wiederholten schwerwiegenden Verstoß gegen die Unternehmenswerte Ehrlichkeit und Fairness eine personelle Trennung anstatt eines bisherigen tatenlosen Tolerierens von Intrigen und Verstößen. Immer dann also, wenn eine Reaktion anders erfolgt als bisher bekannt und praktiziert, besteht die Möglichkeit, dass im System eine Musterveränderung angestoßen wird. Auch das reguläre Ausscheiden eines Strippenziehers eines informellen Kreises (Kapitel 2.2, Inner Circle) wird voraussichtlich zu deutlich sichtbaren Veränderungen führen. Für die übrigen Mitglieder dieses Kreises kann das mit negativen Gefühlen und Stress verbunden sein, für alle anderen außerhalb des Kreises bedeutet es in der Regel eine deutliche Entspannung und Verbesserung der Arbeitsatmosphäre. Das System ordnet sich dann wieder neu und folglich stellen sich auch neue Gesetzmäßigkeiten ein, für die sich wiederum die Frage stellt, ob sie dienlich oder eher schädigend sind. Das Spiel beginnt von Neuem, denn der Prozess von Systembildung, Systemerhalt und gegebenenfalls Systemveränderung hört in Systemen per se niemals auf. Unabhängig davon, wie sich Muster im Detail zeigen, bedarf es zu deren langfristiger Veränderung einer Neuausrichtung der Denkweise und des Verhaltens aller Beteiligten. Die Zielsetzung ist die Veränderung des Systems, indem es den Anstoß bekommt und sich danach mit einer neuen positiven Eigendynamik wieder selbst erhält. Die systemischen Wirkmechanismen und die Auswirkung durch einen Eingriff zur Musterveränderung sind in Abbildung 7 dargestellt.

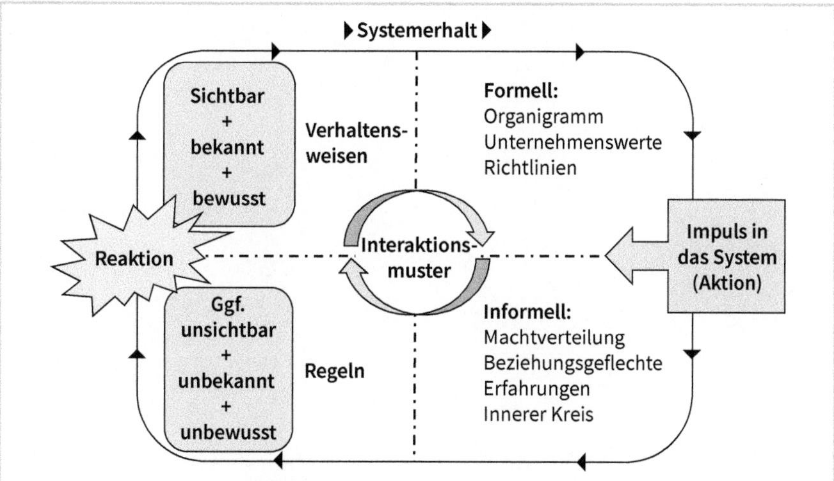

Abb. 7: Musterveränderung im System

Sie veranschaulicht, dass ein System auf Systemerhalt ausgerichtet ist, bis durch eine Aktion ein Impuls in das System stattfindet. Abhängig von den jeweiligen Interaktionsmustern erfolgt eine Reaktion. Die Interaktionsmuster wiederum können sichtbar, bekannt und bewusst ablaufen – offensichtliche Verhaltensweisen, aber auch formelle Aspekte, wie Organisationsstruktur, Unternehmenswerte und Richtlinien, sind hier zu nennen. Schwieriger wird es bei den eher unsichtbaren, unbekannten, unbewussten informellen Regeln. Sie können von Machtverteilung, Beziehungsgeflechten, Erfahrungswerten und einem inneren Kreis als tatsächliche Strippenzieher beeinflusst sein.

3 Erfolgsfaktoren im Change Management

Auch wenn es keinen Königsweg des Change Managements gibt, ist die Frage nach den Erfolgsfaktoren aktueller denn je. Und es gibt Antworten. So bedarf es einer Veränderungsvision und konkreter Ziele, eines Management-Commitments, einer interaktiven, partizipativen Kommunikation sowie des Sichtbarmachens erster Erfolge. All das funktioniert nicht ohne Führung, Vertrauen, professionelle Change-Organisation, Planung und Controlling. Und da kaum ein Change-Projekt dem anderen gleicht, braucht es Orientierung, um bei all den Einflussfaktoren strukturiert vorgehen zu können. Aufgrund dessen wurde als Grundlage für dieses Buch eine Analyse von Studien zum Thema Change Management vorgenommen. Es konnten fünf Erfolgskategorien abgeleitet werden:

- Führung,
- Kommunikation,
- Prozess,
- Partizipation,
- Befähigung.

Dabei konnten wichtige Erkenntnisse über die Ausgangsgegebenheiten von Change-Vorhaben und im Besonderen zu Erfolgsfaktoren sichtbar gemacht werden. Eine fallbezogene Auswertung der Studien war dabei nicht zielführend, da die Ausgangssituationen und die jeweiligen Betrachtungszeiträume der Studien situationsspezifisch und damit für einen validen Vergleich zu unterschiedlich erschienen.

3.1 Aktuelle Studienergebnisse: Fünf Faktoren für erfolgreiches Change Management

Um diesem praxisorientierten Buch ein faktenbasiertes Fundament zu geben sowie bestehende Erkenntnisse aufzugreifen, wurden Anfang 2021 zehn Studien zum Change Management, die zwischen 2010 und 2020 durchgeführt wurden, analysiert. Sie beziehen sich auf Unternehmen mit weniger als 100 bis über 50 000 Mitarbeitenden. In Summe sind circa zwei Drittel der in den Studien befragten Führungskräfte oder Personen in projektleitender Rolle von Veränderungsvorhaben und arbeiteten zum Befragungszeitpunkt überwiegend in Unternehmen, deren Stammsitze sich in Deutschland, Österreich und der Schweiz befanden, gefolgt von Europa sowie internationalen Stammhäusern. Die Branchen sind gemischt. Das breite Spektrum, bei gegebener Vergleichbarkeit, wurde als zentral erachtet, um eine möglichst breit gestützte Aussagekraft zu erzielen.

Methodik

Für die Studienauswertung wurden methodisch Ansätze aus der zusammenfassenden qualitativen Inhaltsanalyse nach Mayring (1991, 1994, 2015) angewendet und mehrstufig vorgegangen, indem systematisch und protokolliert ausgewertet wurde. Dabei wurde schrittweise vorgegangen, *Kategorien* gebildet und Ergebnisse abgeleitet sowie ergänzend *Erfolgsfaktoren des Change Managements* ermittelt. Vorbereitend wurde überprüft, inwieweit gegebenenfalls uneinheitliche Ergebnisse aufgrund unterschiedlicher Detailzielsetzung der Studien vorliegen könnten (Gerpott, 1993), denn einzelfallspezifische Studien konnten nicht verglichen werden, da keine einheitliche Datenbasis (Raineri, 2011) wie Zeitraum und Zeitpunkt der Messung, Sachlage, Problemstellung und Messkriterien gegeben wären. Daher wurden Studien mit ähnlichem Kontext und Richtung der Auswertung (Change Management in Unternehmen) als Grundlage verwendet. Es wurde in Kauf genommen, dass die Befragten gegebenenfalls durch die Studie beeinflusst werden könnten und nicht sichergestellt werden kann, ob getroffene Aussagen der Wahrheit entsprechen oder ob beispielsweise aufgrund eigener Unzufriedenheit negative Antworten gegeben wurden (Gerpott, 1993). Insgesamt zeigte sich in den Ergebnissen eine gewisse Homogenität in den fünf Kategorien und den Erfolgskriterien, sodass Studienauswahl und Vorgehensweise als geeignet bewertet wurden.

Studienergebnisse je Kategorie

Die Kategorien werden nachfolgend erläutert und die entsprechenden Studienergebnisse zusammengefasst.

- **Führung** (Kapitel 3.2) schließt das Planen, Organisieren und Aufrechterhalten des Geschäftsbetriebes sowie die visionäre Unternehmensführung mit hoher Sozialkompetenz und entwicklungsorientierter Personalführung ein.
  - Gemäß den Studienergebnissen zu Führung wird an Führungskräfte die Anforderung gerichtet, eine bewusste Vorbildfunktion einzunehmen und vor allem die Mitarbeitenden in Veränderungssituationen mitzunehmen. Des Weiteren sollen sie klare Entscheidungen treffen, Zielorientierung geben, anstehende Veränderungen initiieren und gestalten – was die Führungskräfte selbst jedoch als große Herausforderung und Spannungsfeld ansehen. Ebenso zeigen die Studien, dass Führungskräfte visionär sein und Mitarbeitende zur Mitwirkung am Change motivieren sollen. Ein klares Management-Commitment wird ebenfalls als bedeutend angesehen. Auch soll die Einbindung der Unternehmensleitung vor jeweils aktuellem Hintergrund sicht- und spürbar sein. Es werden aktive und reflektierte Führungskräfte gefordert.
- **Kommunikation** (Kapitel 3.3) ist ein kommunikativer Austausch (Watzlawick, Beavin & Jackson, 2000), bei dem es Sender-Empfänger-Dissonanzen zu vermeiden gilt und zu berücksichtigen ist, dass die Qualität der Kommunikation sich daran

messen lassen kann, ob die zu vermittelnden Inhalte verständlich und empfängergerecht formuliert sind und Feedback gewährleistet ist. Die Informationsaufnahme der Kommunikationsinhalte soll durch konzentriertes Zuhören und Nachfragen erfolgen (Gordon, 2005). Insgesamt bedarf es einer vorurteilsfreien Atmosphäre, bei der die Problemlösung im Fokus steht.

- Die Studienergebnisse zu Kommunikation zeigen, dass die Anforderung an Kommunikation im Change darin besteht, dass sie umfassend, offen, klar und glaubwürdig sowie initiativ zu gestalten ist. Dazu zählt auch die Vermittlung einer Vision und eines Zukunftsbildes. Der etablierte Kommunikationsstil wird nach wie vor eher als *Senden* – und nicht als *Dialog* – beschrieben und erfolgt meist in einem Top-down-Ansatz, d. h. hierarchisch von oben nach unten. Eine Ergänzung um Feedback und Austausch wird gefordert. So soll Interaktion entstehen, um die Möglichkeit zu schaffen, Fragen und Bedenken zu diskutieren. Den Beteiligten ist es darüber hinaus wichtig, Details zu erfahren, und es besteht die Erwartungshaltung gegenüber Führungskräften, dass sie dafür auch ein Feedback der Unternehmensleitung einholen. Die Nutzung von neuen (digitalen) Dialoginstrumenten wird als hilfreich eingestuft, beispielsweise Onlineabfragen. Der Zwei-Wege-Kommunikation wird hohe Bedeutung eingeräumt. Durch sie gewinnt der Dialog an Stellenwert.

- Der **Prozess** (Kapitel 3.4) beinhaltet die Voraussetzungen und Anforderungen, die im Change gewährleistet sein müssen, vor allem vorbereitende Planung, stringente Umsetzung und Integration sowie Evaluation. Er kann auch als Orientierungsplan in der Change-Kommunikation dienen.
  - Die Studienergebnisse lassen in Bezug auf den Prozess des Change Managements deutlich erkennen, dass dieser transparent sein, strategieorientiert und initiativ geplant und umgesetzt sowie langfristig integriert werden soll. Dies wird ergänzt durch den Wunsch nach Einbindung von externen Experten für die Implementierung von Maßnahmen des Change Managements, um eigene Ressourcen zu entlasten. Im Prozess soll eine zeitnahe und regelmäßige Kommunikation zu Herausforderungen sowie Fortschritten gewährleistet sein. Ebenso soll das Change Management rechtzeitig vor einer Veränderungsmaßnahme beginnen und der Informationsfluss auf allen Hierarchiestufen zügig erfolgen, woran es oftmals noch mangelt. Ein bewährtes Standardschema scheint es nicht zu geben. Gefordert wird auch eine Vorabfestlegung von Erfolgskriterien zur späteren Evaluation beziehungsweise ein Controlling von Maßnahmen des Change Managements, was bisher ebenfalls noch nicht konsequent genug erfolgt.
- **Partizipation** (Kapitel 3.5) steht unter anderem für ein Bottom-up-Vorgehen unter Einbeziehung der Mitarbeitenden in die Entscheidungsprozesse, um bei

ihnen die Akzeptanz zu erhöhen (Rosenstiel, 2015). Allerdings machen tiefgreifende plötzliche Veränderungen bei oftmals hohem Zeitdruck auch einen Top-down-Ansatz notwendig (Vahs & Weiand, 2020), denn Einbindung erfordert Aufwand und Zeit. Ist sie allerdings erfolgt, ist davon auszugehen, dass im Verlauf des Veränderungsprozesses deutlich weniger Widerspruch und Widerstand aus der Belegschaft aufkommt, als dies ohne Partizipationsmöglichkeit der Fall wäre.

- In Bezug auf Partizipation wird in den Studien die Einbindung der Mitarbeitenden in Entscheidungsprozesse sowie die Möglichkeit des Einbringens ihrer Sichtweisen gefordert, um Betroffene zu Beteiligten zu machen. Ferner gilt das Commitment der Beteiligten neben dem Mobilisieren der Mitarbeitenden als Erfolgsfaktor. Die Einbindung der Führungskräfte der unteren und mittleren Ebene bei der Konzeption und Planung von Veränderungsmaßnahmen ist noch gering ausgeprägt und wird ebenso gefordert wie eine stärkere Vernetzung zwischen allen Hierarchieebenen.

Kompakt

Beim Top-down-Vorgehen werden Entscheidungen von der Unternehmensleitung gefällt und an die Belegschaft kommuniziert, während bei Bottom-up-Prozessen die Mitarbeitenden aktiv eingebunden werden, um eigene Vorstellungen einzubringen. Für optimale Resultate sollte grundsätzlich beides gewährleistet sein.

- Unter **Befähigung** (Kapitel 3.6) sind zum einen erprobte und integrierte Fähigkeiten und Kenntnisse der Beteiligten zu verstehen, um in gegebenen Situationen selbstorganisiert und kreativ handeln zu können (Erpenbeck & Hasebrook, 2012). Zum anderen geht es um die arbeitgeberseitige Sicherstellung von Umfeldbedingungen, die einen reibungslosen Arbeitsablauf ermöglichen (Kotter, 2011).
  - Bezogen auf eine Befähigung wird in den Studien weitreichende Veränderungskompetenz gefordert, unter anderem Sozial- und Methodenkompetenz. Auch die Befähigungsunterstützung in Kommunikations- und Veränderungsbereitschaft sowie das Sammeln von Erfahrungen im Konfliktmanagement und im praktischen Change Management werden als notwendig angesehen. Innovationsbereitschaft, Teamarbeit, Kompromissfähigkeit und Flexibilität gelten als Erfolgsvoraussetzungen und müssen – sofern noch nicht ausreichend vorhanden – gefördert werden. Know-how wird als weiterer Erfolgsfaktor gesehen und Rollenklarheit ist eine wichtige Grundvoraussetzung, um festzustellen, welche Befähigung bei welcher Person(-engruppe) gefördert werden muss. An Führungskräfte und Multiplikatoren wird insbesondere die Anforderung der Kommunikationskompetenz gestellt.

Kompakt

Die fünf Kategorien bedingen sich gegenseitig und greifen ineinander. Eine besondere Ausprägung einer einzelnen Kategorie konnte nicht festgestellt werden, jedoch werden die stärkste Bedeutung sowie das größte Entwicklungspotenzial in der Führung und in der Kommunikation gesehen.

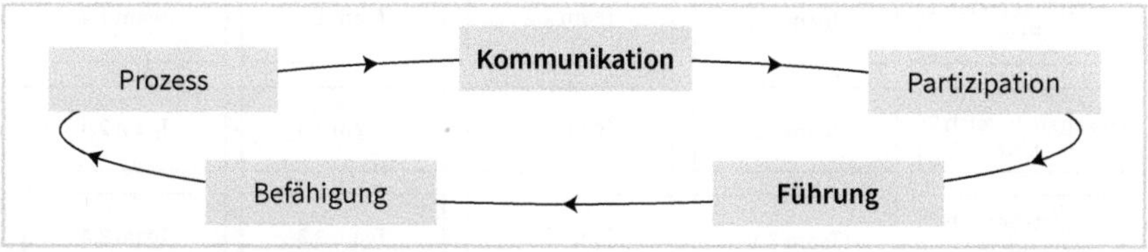

Abb. 8: Studienanalyse: Fünf Erfolgsfaktoren

Jede einzelne Kategorie an sich bietet bereits Potenzial für umfangreiche Vertiefungen. Die weiterführenden Erläuterungen zu den fünf Kategorien erfolgen jedoch mit der Zielsetzung, insbesondere für das Change Management relevant zu sein.

3.2 Führung im Change – Herausforderung und Chance

Das begriffliche Verständnis von Führung wurde in Kapitel 3.1 erläutert. Darüber hinaus gilt es auch ihre organisatorische Struktur zu betrachten. Üblicherweise sind in Unternehmen folgende *Führungsebenen* vorzufinden:

- **obere Führungsebene**: Management, Geschäftsleitung (Vorstände, Geschäftsführer),
- **mittlere Führungsebene**: Bereichsleiter, Abteilungsleiter sowie
- **untere Führungsebene**: Teamleiter, Gruppenleiter, Referatsleiter.

Dies entspricht einer vereinfachten Darstellung, die gerade in großen Unternehmen und Konzernen deutlich vielschichtiger gestaltet sein kann, beispielsweise die obere Ebene aufgrund nationaler oder internationaler Unternehmensstrukturen.

In *agilen oder agil ausgerichteten Organisationen,* in denen die Aufbauorganisation (z. B. Struktur, Organigramm) sowie Ablauforganisation (Arbeitssystematik und -prozesse) projektorientiert organisiert sind, wird in crossfunktionalen Teams (Kapitel 1.1) und Rollen agiert. Daher gibt es in diesen Organisationen in der Regel aufgrund flacher Hierarchien weniger Führungsfunktionen und stattdessen Rollen wie Projektleiter und Product Owner.

Matrixorganisationen sind oftmals eine Kombination aus beidem. Hier gibt es mehrdimensionale Strukturen aus Geschäftsbereichen (Produktsegmente 1, 2, 3) und Funktionsbereichen (Finanzen, Personal, Vertrieb). Daher werden sie auch als Mehrliniensysteme bezeichnet. Eine Schnittstelle ist immer einem funktionalen und divisionalen Bereich zugeordnet (Abb. 9).

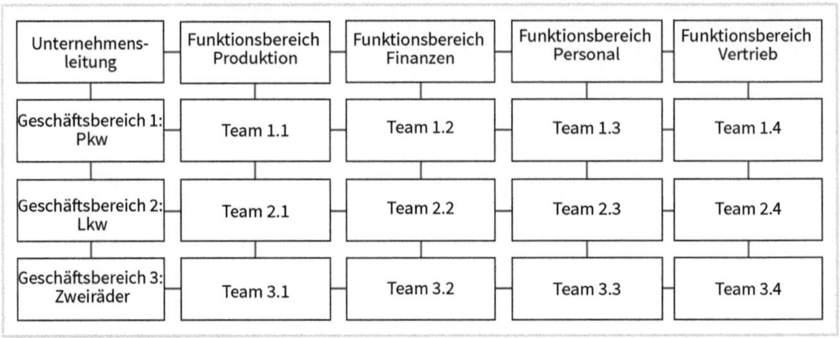

Abb. 9: Matrixorganisation

Mit derartigen Strukturen sollen Synergieeffekte erzielt werden, indem zum Beispiel fachspezifisches Wissen optimal genutzt wird. Für ein ausgeglichenes Funktionieren ist entscheidend, dass die Geschäfts- und Funktionsbereiche gleichberechtigt sind. Dies wirkt kompliziert und ist in der Umsetzung auch nicht so einfach wie ein Einliniensystem (entweder divisionale oder funktionale Organisationsstruktur). So steigen unter anderem der Abstimmungs- und Kommunikationsaufwand und die Anforderungen an die Mitarbeitenden. Ein Mitarbeiter hat jeweils zwei Vorgesetzte, einen divisionalen und einen funktionalen, und somit erhöhen sich natürlich ebenso die Anforderungen an die Führungskräfte. Auch für sie gilt der erhöhte Abstimmungsbedarf sowie ein höherer Koordinierungs- und Organisationsaufwand. Zugleich macht eine solche Struktur eine Organisation schneller und beweglicher, denn es herrscht Flexibilität anstatt starrer Hierarchie, das Organisationswissen wird durch die Vernetzung und crossfunktionale Teamarbeit erhöht. Aufgrund der komplexen Entscheidungsprozesse und möglicher Konflikte aufgrund fehlender Transparenz bezüglich der Zuständigkeiten sowie einem möglichen Konkurrieren im Hinblick auf die Arbeitszeit der Mitarbeitenden bedarf es fähiger Führungskräfte, die diese Struktur managen und die Mitarbeitenden souverän führen und leiten können.

Leadership und Management

Aufgrund veränderter Organisationsformen und Herausforderungen an das Führen eines Unternehmens steigen selbstverständlich auch die Anforderungen an Führungskräfte, und das bei nach wie vor zunehmender Arbeitsverdichtung und enger werdenden zeitlichen Ressourcen. Führen ist deutlich vielfältiger geworden und daher kommt das alte Modell von Führung mehr und mehr an seine Grenzen. Wo noch vor einigen Jahren oftmals Managementkompetenzen vorrangig und ausreichend waren, ist heute ein ausgeprägtes Leadership-Talent erforderlich. Doch worin liegen die Unterschiede?

Der Begriff *Management* wird zum einen für die Personengruppe verwendet, die ein Unternehmen leitet (»Das Management hat entschieden«). Zum anderen steht der Begriff auch für die Tätigkeit des Managens an sich und somit in einer direkten Übersetzung von erledigen, ausführen und verwalten. Wenn zwischen Leadership und Management differenziert wird, ist die Art und Weise der Tätigkeit gemeint. So hat das Management (als Führungsteam) sowohl Management- als auch Leadership-Aufgaben. Unter *Management* können das professionelle Organisieren und Planen des Geschäftsbetriebes verstanden werden. Hier geht es vorwiegend um die Organisation von Arbeit, Verteilung von Aufgaben, das Lösen von Problemen und Aufgabenstellungen sowie die Arbeit mit Zahlen, Daten und Fakten.

Immer mehr kam und kommt in den letzten Jahren die Anforderung hinzu, mit dem permanenten Wandlungsbedarf an Unternehmen und deren Akteure umzugehen und die erforderliche Transformation zu steuern und aktiv zu begleiten. Dadurch sind neue Aufgaben für die Führungskräfte entstanden, die unter dem Begriff *Leadership* subsumiert werden. Es gilt, die Mitarbeitenden an die Hand zu nehmen und sie als Vorbild souverän durch Veränderungen zu führen. Um die Change-Bereitschaft anzukurbeln und aufrechtzuerhalten, trotz aller Hindernisse durch Veränderungen zu gehen, so manche Trägheit abzulegen und die Komfortzone zu verlassen, ist es Aufgabe der Führungskräfte, die Mitarbeitenden visionär und richtungsgebend zu inspirieren. Dies bedarf einer entsprechenden Haltung (Permantier, 2019) und Einstellung einer jeden Führungskraft – was wiederum voraussetzt, dass sie sich mit sich selbst, ihren Werten und Präferenzen, ihrer Führungsrolle, ihrem Menschenbild auseinandergesetzt hat und dies mit den Unternehmenswerten sowie der Unternehmenskultur in Einklang bringt. Die Aufgaben im Leadership sind stark vorbildgeprägt und es sind soziale, visionäre und strategische Kompetenzen gefragt. Der Blick nach vorn zur Sicherung der unternehmerischen Zukunft, vorausschauendes Denken und Handeln und das Schaffen der entsprechenden Rahmenbedingungen und Infrastruktur sind wichtiger denn je.

Das Bild des *Vorgesetzten* hat sich stark verändert, auch durch die Sicht-, Denk- und Verhaltensweisen, die jüngere Generationen einbringen. Sie sind in den letzten Jahren in den Beruf eingetreten und besetzen teilweise schon frühzeitig wichtige Positionen. In ihrem Verständnis soll ein Miteinander auf Augenhöhe erfolgen und keine althergebrachte strenge Über- und Unterordnung. Sie möchten sich einbringen, ihre Meinung kundtun und gehört werden. Dies färbt wiederum auf die komplette Belegschaft ab und so ergibt sich aus dem System (Kapitel 2) der Beteiligten heraus eine Transformation der Anforderungen, die ebenfalls dazu beigetragen hat, den Job der Führungskraft zu verändern.

Kompakt

Management bedeutet das Organisieren, Koordinieren und Verteilen von Arbeit und erfordert Problemlösungskompetenz, während unter Leadership das Führen von Menschen sowie die strategische Sicherung der Zukunft des Unternehmens verstanden werden können.

Spätestens durch die veränderten Herausforderungen einer virtuellen sowie hybriden Arbeitswelt haben sich die Anforderungen an Führung abermals erweitert. In diesem Zusammenhang ist der Begriff des *New Leadership* entstanden. Er beschreibt neue Anforderungen wie den Aufbau einer entsprechenden Team- sowie Innovationskultur, virtuelles Führen und Coachen der Mitarbeitenden und macht neue Kompetenzen notwendig wie Vertrauensfähigkeit, ergebnisorientierte Führung, Selbstverantwortung, Motivationsfähigkeit sowie Empathie, Aufmerksamkeit und Konfliktlösungskompetenzen – gerade auch, wenn Mitarbeitende in Problemsituationen leicht im Homeoffice abtauchen könnten. Dies bedeutet je nach vorheriger Arbeitsweise und Führungsstil weitere starke Veränderungen und Herausforderungen an sie als Führungspersönlichkeiten.

Sozialkompetenz und Vorbildrolle

Unabhängig von ihrer hierarchischen Ebene benötigen Führungskräfte aufgrund eines gesellschaftlichen Wertewandels auch im Arbeitsumfeld Fähigkeiten wie empathische Wahrnehmung, Wertschätzung, Vertrauens- und Reaktionsfähigkeit bei gleichzeitig klaren Entscheidungs-, Kommunikations- und richtungsgebenden Führungskompetenzen – denn als Individuum wahrgenommen und gehört zu werden, Bedürfnisse und Wünsche anbringen zu dürfen sowie Anerkennung, Wertschätzung, Atmosphäre und Vertrauen werden den Mitarbeitenden immer wichtiger. Dies erfordert zum einen ausgeprägte soziale Kompetenzen in Form von Empathie, Persönlichkeit und Glaubwürdigkeit sowie die bereits beschriebene Ambiguitätstoleranz (Kapitel 1.3), d. h. die Fähigkeit, Widersprüchlichkeiten und mehrdeutige Situationen auszuhalten. Zum anderen ist methodisches Können, wie Gesprächsführung, Interaktion innerhalb von Teams und Gruppen sowie Konfliktfähigkeit, notwendig. Eine starke Führungskraft besitzt zudem ein vernetztes Verständnis von menschlichem Denken, Verhalten und Handeln. Die Erwartung an Führungskräfte liegt oftmals darin, dass sie sich ihrer Vorbildrolle jederzeit bewusst sowie in der Lage und motiviert sind, sie auszufüllen, um Orientierung im Veränderungsprozess zu geben. Auch soll ihr eigenes Handeln stets auf den Unternehmenswerten basieren (Bohn & Crummenerl, 2015), was insgesamt unumstritten zeitaufwendig ist und herausfordernd sein kann.

Kompakt

Je stärker und authentischer die Führungskräfte aller Ebenen sind, desto gestärkter und sicherer kann eine Belegschaft durch Veränderungssituationen geführt werden.

Die Rollen der unterschiedlichen Führungsebenen

Gibt es in einem Unternehmen mehrere Führungsebenen, haben die Führungskräfte je Ebene unterschiedliche Aufgabenschwerpunkte. Die unterste Ebene hat den Kontakt zur operativen Basis und ist vor allem für die Umsetzung der arbeitsalltäglichen Aufgaben zuständig. Die oberste Führungsebene hat die Aufgabe, das Unternehmen strategisch und vorausschauend zu leiten, zu lenken und den Blick auf das große Ganze zu legen. Dazwischen steht die mittlere Führungsebene in der sogenannten Sandwichposition. Sie bewegt sich zwischen Geschäftsleitung und den operativen Teams und muss beiden gerecht werden.

- **Die besondere Rolle der unteren Führungsebene**
  Insbesondere im Change kommt den Führungskräften der unteren Ebene eine entscheidende Aufgabe zu, da sie die direkten Ansprechpartner der Mitarbeitenden sind und ihnen (zumindest in großen Unternehmen oder Konzernen) deutlich näher stehen als das übergeordnete Management. Dadurch ergibt sich organisatorische Nähe und Vertrauen kann sich deutlich schneller aufbauen. Die Führungskräfte der unteren Ebene sind also ein wichtiger Erfolgsfaktor im Change Management. Diese bedeutende Rolle wird unternehmensseitig jedoch häufig vernachlässigt – was dazu führt, dass die Führungskräfte oftmals noch nicht in ihrer Rolle als Führungspersönlichkeit angekommen und stark operativ eingebunden sind sowie die Weichen auch selbst zu wenig stellen und den Rollenwechsel von Mitarbeitendem zu Führungskraft noch nicht ausreichend verinnerlicht haben. Es geht in dieser Position keinesfalls nur um die Verteilung von Arbeit. Sobald eine Person zum Vorgesetzten wird, ändern sich die Anforderungen der Mitarbeitenden an diese Person in ihrer Rolle als Führungskraft. Sie wird in ihrer Personalfunktion als ein Teil der Arbeitgeberseite angesehen, auch wenn Mitarbeitende sowie Führungskraft vorab gleichberechtigte Kollegen waren. Um für andere als Vorbild dienen zu können, müssen die Führungskräfte der unteren Ebene mit diesen und weiteren zunehmenden Anforderungen erst einmal selbst zurechtkommen.
- **Die Sandwichposition der mittleren Führungsebene**
  Die Führungskräfte der mittleren Ebene, beispielsweise Abteilungs- und Bereichsleiter, stehen vor der Herausforderung, unternehmerisch denken, planen und handeln sowie gleichzeitig ihren Bereich vertreten und dafür operatives Management betreiben zu müssen. Sie sind der Vermittler zwischen unterer und oberer Ebene, brauchen ein offenes Ohr sowie Verständnis für die Bedürfnisse und Belange der Mitarbeitenden und müssen als Sparringpartner gleichzeitig die strategischen Vorgaben der Unternehmensleitung erfüllen. Sie verfügen über (teilweise) vertrauliche Informationen, dürfen diese aber nicht mit den Personen teilen, für die sie als Führungskraft verantwortlich sind und die ihren Ärger über die Organisation, oftmals beim Abteilungsleiter, kundtun. Man ist sich noch relativ nahe und die Hemmschwelle, wie sie häufig gegenüber dem Management besteht, ist in der Regel nicht vorhanden. Gibt es beispielsweise einen strategischen Hintergrund für einen enormen Sparkurs, wird sich der Umgang mit Budget verändern. Bei den Mitarbeitenden kommt allerdings nur an, dass sich das Unternehmen restriktiv verhält. Würden sie die Hintergründe kennen, wäre so manches Unverständnis sicherlich gelöst. Dieses Spannungsverhältnis müssen Führungskräfte der mittleren Ebene tragen können. Schafft die Führungskraft im mittleren Management allerdings den positiven Umgang mit operativem Know-how und strategischem

Mitwissen, kann sie in dieser Position Verbindung schaffen und eine Brücke für beide Seiten sein.
Eine reine Führungsfunktion ist auf dieser Ebene eher selten vorzufinden, ist allerdings bei entsprechender Führungsspanne (Anzahl der Personen, für die man verantwortlich ist) denkbar. Die mittlere Ebene führt die untere Ebene (Teamleiter), so spricht man auch von direkt zugeordneten Mitarbeitenden, die an den Abteilungsleiter berichten (Direct Report). Die Mitarbeitenden in den zugeordneten Teams zählen zur Führungsspanne, d. h., sie sind in deren übergeordneter Personalverantwortung (jedoch kein Direct Report). Ein Beispiel: Gibt es innerhalb einer Abteilung drei Teams mit jeweils acht Mitarbeitenden, hat die Abteilungsleitung Personalverantwortung für 27 Personen (Führungsspanne) und drei Personen (Teamleiter) berichten als Direct Reports direkt an die Abteilungsleitung.

- **Die obere Führungsebene als strategische Speerspitze**
  Die obere Führungsebene ist in Organisationsformen mit Liniensystemen (Einlinien-, Mehrliniensysteme) das strategische Zentrum der Entscheidungen und hat vor allem die Aufgabe, die Ertragskraft sowie die Zukunft des Unternehmens zu sichern. Je nach Gestaltung der Entscheidungsprozesse in der Ablauforganisation werden auch viele operative Entscheidungen im Management getroffen. In Selbstorganisationen sind es meist das Management Board und die Geschäftsleitung, welche die strategische Unternehmensausrichtung und Geschäftsführung bestimmen. Die operativen Entscheidungen werden von den Teams getroffen.
  In Veränderungssituationen und Transformationsprozessen ist das Management (obere Führungsebene) der sichtbare Treiber und für die Mitarbeitenden das Gremium, welches die Entscheidungen trifft. Dabei werden notwendige Veränderungen aufgrund des Marktes oder strategische Unternehmensveränderungen oftmals dem Management oder – besser gesagt – seinem Missmanagement zugeschrieben, ohne zu differenzieren, was die handelnden Personen im Hintergrund zur Kurskorrektur bereits beigetragen haben, wie viel Verantwortung sie tragen und ob sie die Veränderung tatsächlich mitentschieden haben (lokales/internationales Management). Daher müssen Führungskräfte der obersten Ebene im Change auch damit zurechtkommen, dass bei tiefgreifenden Veränderungen aus der Mitarbeiterschaft aufkommende Verärgerung direkt auf sie projiziert wird. Die obere Führungsebene als die potenziellen Verursacher müssen professionell die Linie halten, gerade wenn sie faktisch nicht anders handeln können oder die Vorgabe einer übergeordneten Konzernleitung umsetzen müssen, die sie zum einen nicht beeinflussen konnten und zum anderen selbst so nicht entschieden hätten. So gilt es beispielsweise bei strengen Vorgaben von Investorenseite, Standorte zu schließen, in das Ausland zu verlagern oder Personal zu reduzieren, genau diese umzusetzen. All das macht deutlich, dass die obere Führungsebene ebenfalls Zwängen und enggefassten Aufträgen unterliegen kann, während gleichzeitig alle Beteiligten (Investoren, Kapitalmarkt, Belegschaft, Presse) eine hundertprozenti-

ge Identifikation und Vorbildfunktion von Personen in diesen Rollen erwarten – eine große Herausforderung mit hohen Anforderungen. Sie bietet aber auch die Möglichkeit und die Chance, eine Unternehmenskultur zu gestalten, in der nicht sie allein steuern, sondern sie dafür die weiteren Führungskräfte und auch die Mitarbeitenden einbinden.

Steigende und neue Anforderungen an Führungskräfte

Die Herausforderungen in Veränderungsprozessen steigen, wie bereits angeklungen, für alle Führungskräfte stetig. Neben der Führung und der Entwicklung ihrer Mitarbeitenden sind sie herausgefordert, auf schnelle Marktveränderungen, sich wandelnde Kundenbedürfnisse und Wettbewerbsdruck unmittelbar zu reagieren. Zudem sind vermehrt Umstrukturierungen, Reorganisationen, Fusionen, Kooperationen nötig und die Führungskräfte sind gefordert, im Management mitzuentscheiden sowie diese Veränderungen aktiv zu begleiten. Auch haben sie die Aufgabe, die Rahmenbedingungen zu schaffen, sodass Mitarbeitende befähigt sind, in der veränderten Umgebung ihren Aufgaben nachzukommen und ihre Fähigkeiten sowie Kompetenzen entsprechend (weiter-)entwickeln zu können. Sofern die eigenen Sichtweisen, Befürchtungen, Ängste und Bedürfnisse den Sachzwängen, beispielsweise Standortschließungen oder Entlassungen von Mitarbeitenden aus wirtschaftlichen Gründen, entgegenstehen, kann es zu Überforderung und zu persönlichen Widersprüchen kommen. Und auch wenn sich strategische sowie operative Führung je nach Ebene unterscheiden, kommt den Führungskräften insgesamt eine deutliche Anforderungserweiterung als Coach, Trainer und Berater zu.

Coaching in der Führungsrolle

Eine Führungskraft muss sich ebenso intensiv mit dem organisationsbezogenen System, das heißt mit den Unternehmensinteressen und -zielen befassen wie mit den Mitarbeitenden als Individuen. Im Arbeitsumfeld entstandene Emotionen, Ängste, Sorgen und Konflikte, die in Veränderungssituationen häufig aufkommen, sollten durch empathische und fokussierte Führung begleitet werden. Damit nehmen Führungskräfte eine neue Rolle ein und werden für ihre Mitarbeitenden viel mehr zum Unterstützer als zum Ansager.

Hierfür ist Coaching bestens geeignet. Es beinhaltet zielorientierte Förderung von Personen in Veränderungsphasen. Dies erfolgt durch Potenzialidentifikation und -entwicklung sowie durch Unterstützung beim lösungsorientierten Umgang mit Herausforderungen und Problemen. Dabei sollte Coaching in der Konstellation »Führungskraft coacht Mitarbeitende« ausschließlich auf der Ebene des Verhaltens erfolgen und nicht auf der Persönlichkeitsebene. Allerdings sind auch hier die Übergänge fließend, denn hinter den Verhaltensweisen der zu coachenden Mitarbeitenden liegen immer persönliche Meinungen und Sichtweisen, Haltungen, Werte und Glaubenssätze. Sollten diese in einem Coaching das Thema sein und vertieft werden, kann es sehr schnell sehr persönlich und emotional werden. Ein Mitarbeitenden-Coaching ist daher eher für Themen wie berufliche Weiterentwicklung, Umgang mit Konfliktsituationen, Optimierung des eigenen Vorgehens sowie das Zeitmanagement geeignet. Insgesamt ist wichtig, dass Coachee (Mitarbeiter) sowie Coach (Führungskraft) ein gemeinsames Verständnis und Akzeptanz für das Erreichen von Grenzen innerhalb des Coachings vereinbaren, um persönlich sensible Themen in eine andere Coachee-Coach-Konstellation – außerhalb des Arbeitsverhältnisses und mit einem anderen Coach – zu empfehlen. Jedoch kann bereits der Anstoß zur Selbstreflexion bei so manchem eine positive Veränderung bewirken.

Die Grundlage von Coaching sind Freiwilligkeit und Vertrauen. Das gilt auch für ein Coaching-Angebot einer Führungskraft an Mitarbeitende. Wer nicht bereit ist, sollte nicht gezwungen werden. Es sollte darüber hinaus auch potenzialorientiert sein und in einem gemeinsam definierten Themenrahmen erfolgen. Defizitorientiertes Vorgehen kommt hingegen zum Zuge, wenn kurzfristiges Handeln erforderlich ist, um das aktuelle Verhalten eines Mitarbeitenden anforderungsorientiert zu verändern, was dann klassischer Führungsarbeit entspricht und nicht mehr dem Grundprinzip von Coaching. Die Führungskraft muss an dieser Stelle einen bewussten Rollenwechsel vornehmen, der unumstritten eine Herausforderung darstellen kann. Vor dem Hintergrund dieser Perspektiven sollte eine Führungskraft ein klares Bild von der eigenen Rolle, Grundhaltung, Zielsetzung sowie den möglichen und notwendigen Grenzen haben – denn Coaching bedeutet keinesfalls eine Mitarbeitendenzentrierung um jeden Preis. Sofern sich weder Eignung noch Entwicklungsfähigkeit für ein vorgesehenes Aufgabenfeld zeigen, stellt sich die Frage, ob ein Rollen- oder Stellenwechsel vorgenommen werden kann, beziehungsweise, sofern dies nicht möglich ist, eine Trennung erfolgen muss.

All dies zeigt das vielschichtige Anforderungsprofil in sich verändernden Situationen auf. Führungskräfte sollen auf der persönlichen Ebene bereit und in der Lage sein, sich auf Neues einzulassen, auch wenn sie dafür die eigene Komfortzone verlassen müssen. Sie sind in der Verantwortung, eine Veränderung und deren Umsetzung zu gestalten, zu lenken und zu führen. Und sie sollen in ihrem Denken und Agieren Vorbild sein, sich authentisch verhalten, den Mitarbeitenden Orientierung und Hilfestellung geben sowie auch harte Konsequenzen umsetzen können. Ein zentrales Medium, um all dies transparent, wertschätzend und verständlich zu übermitteln, ist die Kommunikation.

3.3 Kommunikation im Change – eine tragende Säule

Kommunikation ist der Dreh- und Angelpunkt jeglichen menschlichen Miteinanders und somit auch ein entscheidender Faktor für die Zusammenarbeit aller Beteiligten in einem Unternehmen. Ob der Austausch von Informationen zwischen zwei oder mehreren Personen stattfindet, ob verbal oder nonverbal, ob analog oder digital: Es sind immer beide Seiten (Sender/Empfänger) im Spiel und Kommunikation im wahren Sinne ist keine Einbahnstraße. Bei der direkten Kommunikation spielt zum einen die Wortwahl eine große Rolle. Was der eine unter Aufbruch versteht, bedeutet für den anderen noch lange nicht dasselbe. Zum anderen sind Tonfall, Mimik und Körpersprache mindestens genauso entscheidend.

Insbesondere in anspruchsvollen Situationen ist der Kommunikation besondere Aufmerksamkeit zu widmen, auch wenn häufig die Zeit dafür zu fehlen scheint. Wird in Veränderungssituationen der rechtzeitige Austausch versäumt oder in einem zu geringen Maße ermöglicht, brodelt die Gerüchteküche und Spekulationen kommen auf. Informationen beginnen sich zu verselbstständigen, meist in einem die Realität deutlich überzeichnenden Ausmaß. Das führt häufig zu Ängsten und Unsicherheiten, die die Betroffenen gedanklich und emotional belasten können. Darunter leidet dann nicht nur die Arbeitsatmosphäre, auch die Arbeitsergebnisse können davon deutlich beeinträchtigt sein. Da sich Flurfunk und informelle Kommunikation weder verhindern noch aufhalten lassen, ist vor allem bei längeren Phasen der Ungewissheit eine konsequente und im Unternehmensinteresse wirksame Kommunikation zu gewährleisten. So empfiehlt es sich, zu Beginn einer Veränderungsmaßnahme nicht nur eine klare Definition von Vision und Zielsetzung zu kommunizieren (Kotter, 1995, 2015; Kotter, Akhtar & Gupta, 2021), sondern vor allem auch die Gründe, die Notwendigkeit und den Nutzen einer Veränderung nachvollziehbar zu erläutern, um den Beteiligten von Anfang an den Sinn zu vermitteln und Orientierung zu geben. Auch muss unbedingt auf die Ängste und Befürchtungen der Mitarbeitenden eingegangen werden. Das Ziel einer erfolgreichen Veränderungskommunikation besteht darin, Bewusstsein und Akzeptanz zu schaffen, den gemeinsamen Nutzen und Zweck der anstehenden Maßnahmen zu verdeutlichen und dazu beizutragen, dass die Beteiligten die Neuerungen annehmen können. Dafür müssen die Informationen vom Sender verständlich formuliert und empfängerorientiert übermittelt werden. Nur so können die Betroffenen verstehen, warum und was sich in der Strategie mit welchen Maßnahmen verändern wird. Eine bloße Informationsweitergabe, die Top-down erfolgt, bedeutet eine Ein-Weg-Kommunikation ohne Austausch. In Phasen des Umbruchs ist es hilfreich, den Beteiligten Möglichkeiten zum Dialog und zur Beantwortung von Fragen zu bieten und somit Kommunikation aus der Belegschaft heraus zu gewährleisten. Dies kann durch eine Einbeziehung der Mitarbeitenden in den direkten Austausch mit den Führungskräften, dem Management sowie spezifischen Experten erfolgen. Werden Information und Dialog kombiniert, spricht man auch von einer Zwei-Wege-Kommunikation. Dabei kann und darf es zu intensiven Diskussionen kommen, um beispielsweise ein gemeinsames Verständnis für die Notwendigkeit der Maßnahmen zu erreichen sowie ein Bewusstsein dafür zu wecken, was die Konsequenzen wären, wenn alles beim Alten bliebe. Die dialogische Kommunikation führt zu einem Mehr an Informationen, einem direkten Feedback aus der Mitarbeiterschaft und kann vor allem Akzeptanz fördern, da sich die Mitarbeitenden gehört fühlen. Gleichzeitig bedeutet sie einen höheren Zeitaufwand, da man sich, meint man es wirklich ernst, mit den Argumenten und Ideen der Belegschaft auseinandersetzt. Der große Vorteil: Man kann daraus neue Sichtweisen und Ideen gewinnen. Wird dies aktiv und transparent vollzogen, kann es zu einem stabilen, aufrichtigen sowie wertschätzenden Miteinander führen. Auf dem Weg der Kulturentwicklung ist dies ein wichtiger Meilenstein.

Bei einer krisenhaft bedingten Veränderung, die meist ungeplant auftritt, ist eine schnelle Reaktion notwendig. So erfolgt die Kommunikation zur zeitnahen Übermittlung der Informationen Top-down und häufig fehlt die Zeit für ausreichende Diskussionen und Dialoge im Anschluss. Es ist jedoch – auch wenn die Zeit noch so knapp ist – unbedingt anzuraten, die dringendsten Fragen zu beantworten und zügig eine weitere Dialogmöglichkeit anzubieten, beispielsweise einen Tag später, wenn sich der erste Schock gesetzt hat. Und diese muss dann selbstverständlich auch ermöglicht werden. In einem solchen ersten Dialog lassen sich mögliche Ansätze für Widerstand erkennen und gegebenenfalls bereits auflösen. Auch kann im besten Fall vermieden werden, dass sich durch Flurfunk und Gerüchte unzutreffende Informationen sowie Schreckensszenarien verbreiten und überzeichnet werden. Dies wieder geradezurücken und aus den Köpfen der Betroffenen zu vertreiben, bedeutet weit mehr Aufwand als das Zeitfenster für einen Dialog. Für die Praxis ist daher eine Kombination aus Information und Dialog empfehlenswert.

Kommunikationsformate

Zur Gestaltung der Kommunikation stehen unterschiedliche Kommunikationsformate zur Verfügung, die sich in ihrem Wirkungsgrad sowie in ihrer Reichweite unterscheiden. Die Wahl ist auch davon abhängig, wer und wie viele Personen zeitgleich informiert werden sollen und wie diese Personen optimal erreicht werden können. In Produktionsbetrieben haben die gewerblichen Mitarbeitenden in der Regel keine geschäftliche E-Mail-Adresse. Eine Information per E-Mail würde somit unbemerkt an ihnen vorübergehen. Daher ist es entscheidend, den Kommunikationsplan entsprechend den Gegebenheiten und den Kommunikationszielen festzulegen.

Mit einem Mailing, Informationen im Internet oder Intranet und einem Aushang am Schwarzen Brett können auf einfachem Weg viele Personen zeitgleich erreicht werden. Allerdings ist der Wirkungsgrad eher gering einzustufen, denn die Nachricht geht womöglich aufgrund vieler weiterer Informationen unter oder wird übersehen. Einen deutlich höheren Wirkungsgrad haben persönliche Nachrichten wie Briefe, E-Mails oder eine Social-Intranet-Plattform mit einer Unternehmens-Kommunikations-App auf Mobiltelefonen und sonstigen privaten Endgeräten (»Social Intranet« bei Daimler). Ebenfalls einen hohen Wirkungsgrad haben Geschäftsbereichs- und Abteilungsmeetings oder Workshops. Allerdings ist die Reichweite eher gering, da lediglich kleinere

Personenkreise erreicht werden und nicht die komplette Belegschaft. Mit etwas Zeitverzug können auch Zielvereinbarungen eine hohe Wirkmöglichkeit haben, da sie individuell geregelt sind und aufgrund der meist monetären Auswirkungen berücksichtigt werden.

Kommunikationsplan

Alle Kommunikationsmaßnahmen werden in einem Kommunikationsplan festgehalten und es wird der Kommunikationsmix, also die Kommunikationswege und -formate, definiert. Damit kann sichergestellt werden, dass keine Bereiche, Standorte oder einzelne Personen vergessen werden. Der Kommunikationsplan soll mit seinem Kommunikationsmix zielgruppengerecht aufgestellt sein und empfängerorientierte Maßnahmen umfassen. Sinnvollerweise beinhaltet er zusätzlich das gewählte Medium und einen exakten Zeitpunkt jeder einzelnen Kommunikationsmaßnahme (Stolzenberg & Heberle, 2021). Insgesamt soll durch diese Vorgehensweise eine optimale Reichweite (ein Empfänger, manche, alle) und ein ausgeprägter Wirkungsgrad erreicht werden. Die Zusammenstellung ist letztendlich abhängig von den vorhandenen Gegebenheiten, den Empfängern und deren Bedürfnissen sowie Kommunikationsgewohnheiten und -möglichkeiten. Es gilt stets zu hinterfragen, welche Maßnahmen bezogen auf die Anzahl der zu erreichenden Mitarbeitenden und den Wirkungsgrad der Kommunikationsmaßnahme sinnvoll erscheinen.

Der Plan erinnert das Management und das Change-Team sowie die Kommunikationsabteilung auch daran, Kommunikation und Dialog kontinuierlich zu gewährleisten. Für die Auswahl des Kommunikationsmix und die Erstellung des Kommunikationsplans sind vorab folgende Fragen zu beantworten:

- Welche Bereiche, Personengruppen und Standorte sind betroffen?
- Ist ein persönlicher Austausch angebracht? Wie kann man die Anreise und das Treffen für möglichst alle angenehm organisieren?
- Sind bei einer schriftlichen Kommunikation die Firmen-E-Mail-Adressen aller Beteiligten vorhanden?
- Wie sehen die unterschiedlichen Arbeitsanforderungen und -gegebenheiten aus, beispielsweise zeitliche Planung bei Schichtbetrieb?
- Haben bei Nutzung eines Onlinetools alle Eingeladenen den nötigen Zugang (Software, Login)?
- Ist es sinnvoll, dass die Empfänger mitentscheiden, welcher Kanal gewünscht ist – mindestens bei einer überschaubaren Anzahl an Teilnehmenden?

Die Studienanalyse hat auch gezeigt, dass Mitarbeitende lieber ein Zuviel an Kommunikation und Dialogmöglichkeit in Kauf nehmen als ein Zuwenig. Daher sollten sich die Change-Beauftragten sowie das Management nicht davor scheuen, den Kommunikationsplan mit mehreren Maßnahmen, ausreichenden Zeitfenstern und nicht nur während der Veränderungsphase, sondern auch darüber hinaus für die langfristige Integrationsphase zu gestalten.

Kommunikationskultur zwischen den Führungsebenen

Für eine gut funktionierende Kommunikationskultur muss auch der Informationsaustausch zwischen den Führungsebenen gewährleistet sein. Hier bestehen jedoch oftmals unsichtbare Trennlinien, vor allem zu den Führungskräften der unteren Ebene. Aufgrund ihrer in der Regel stark operativen Einbindung sehen sie sich häufig nicht als wichtige Mitglieder der Führungsriege. Um sie in ihrer Führungsrolle zu unterstützen und zu festigen, kann die *Gästebank in der Geschäftsleitungssitzung* (Sobanski, 2020a) eine geeignete Möglichkeit sein. Hierfür werden Führungskräfte der unteren Ebene in die Geschäftsleitungssitzung eingeladen, um Themen vorzustellen, Feedback zu geplanten Maßnahmen zu geben oder bei deren Entwicklung mitzuwirken. Die Beiträge der Gäste sind denen der Geschäftsleitungsmitglieder gleichwertig. Alle Ideen sind willkommen und werden gehört sowie diskutiert, was einer Grundhaltung der Offenheit und der Akzeptanz bedarf. Um auch eine über die Teilnahme hinausgehende kulturelle Wirkung zu erzielen, dürfen die Gäste im Nachgang innerhalb der Belegschaft über das Gesprochene und Gehörte sowie über ihre Eindrücke und Erfahrungen berichten. Das zuvor geheime Meeting wird somit über den Weg der Kommunikation nahbar und die Grenzen zwischen den Führungsebenen beginnen aufzuweichen. Des Weiteren stärkt es die Position, Integration und Selbstwahrnehmung der eingeladenen Führungskräfte der unteren Ebene, bringt eine Lernmöglichkeit für alle Beteiligten mit sich und kann zu dauerhafter Aufgeschlossenheit und kultureller Weiterentwicklung der Organisation beitragen. Sofern eine Unternehmensleitung dies noch erweitern möchte, kann die Gästebank auch für Mitarbeitende ohne Führungsfunktion angeboten werden. In großen Unternehmen und Konzernen kann dies auch bereits bei Treffen und Sitzungen der Geschäftsbereichsleitung erfolgen. Für eine entsprechende Wirkung ist lediglich wichtig, dass eine bisher empfundene beziehungsweise praktizierte Trennlinie durchbrochen wird. Bei alledem gilt: Die Zielsetzung bestimmt Vorgehen und Methode.

Weitere Maßnahmen, die die Kommunikation zwischen den Führungsebenen verbessern können, sind Austauschrunden von Team- und Abteilungsleitern sowie gemeinsame Projektgruppen zu konkreten Themen. Wichtig ist, den Teilnehmerkreis so zu gestalten, dass jeder mit jedem ins Gespräch kommt, also besser kleinere als zu große Gruppen. In einem noch eher hierarchisch geprägten Unternehmen könnte es bei den Beteiligten zu Ablehnung führen, wenn die Zusammensetzung gemischt wäre. Die Abteilungsleiter könnten sich in der Zusammensetzung mit Teamleitern nicht wertgeschätzt fühlen oder Berührungshemmungen haben und sich mit ihren Beiträgen zurückhalten. Aber auch die Teamleiter könnten sich scheuen, ihre Meinung zu äußern, weil sie dies im bisherigen unternehmenskulturellen Umgang nicht gewohnt sind, sich den Abteilungsleitern untergeordnet fühlen und davon die Wertigkeit einer Meinung abhängig machen. Dann nähert man sich der Zielsetzung gemeinsamer Meetings mit kleinen Schritten an. Grundsätzlich können alle Maßnahmen, die Mitglieder der unterschiedlichen Führungsebenen zusammenbringen und sie in Interaktion treten lassen, dabei unterstützen, dass die Kommunikationskultur zwischen den Führungsebenen verbessert wird. Denkbar ist beispielsweise ein Outdoortraining für Führungskräfte aller drei Ebenen. Die Gruppe (oder mehrere) erhält eine gemeinsame Aufgabe, die nichts mit dem Arbeitsalltag zu tun hat und die Lösung nur gemeinsam gefunden werden kann: beispielsweise das Suchen und Finden eines vorgegebenen Ziels mit einem Weg über einen Geschicklichkeitsparcour, Hochseilgarten oder sonstige Hindernisse, die es erfordern, sich gegenseitig zu helfen. Die im Nachgang gemeinsame Reflexion zum Erlebten und darüber, welche Erkenntnisse in den Arbeitsalltag mitgenommen werden, rundet die Maßnahme ab und kann anhaltende Verbindung schaffen. Viele weitere Maßnahmen aus dem Teambuilding können hier sinnvoll zum Einsatz kommen. Sie dürfen die Beteiligten aus der Komfortzone locken, sollten jedoch nicht zu herausfordernd sein, um Ablehnung sowie Nichtteilnahme zu vermeiden. Werden derartige Maßnahmen durchgeführt, sollte darauf geachtet werden, diese oder ähnliche Maßnahmen vor allem auch Teams und Abteilungen im Unternehmen anzubieten. So können Verärgerung und das Gefühl von Bevorteilung einzelner oder bestimmter Personengruppen vermieden werden. Erneut gilt: Die Zielsetzung bestimmt die Wahl von Methode und Personen.

Kompakt

Die Gästebank in der Geschäftsleitungssitzung, Austauschrunden, Projektgruppen sowie Outdoortrainings unter Einbindung aller Führungsebenen können zum aktiven Kommunikationsinstrument werden, da sie Führung mit Kommunikation und Partizipation verbinden und dadurch einen praktischen Einfluss auf die Unternehmenskultur haben können.

3.4 Prozess im Change – Fahrplan und Steuerung

Ein Change-Prozess ist ein elementarer Bestandteil im Change Management. Allerdings beschreibt nicht er allein das Change Management, sondern es wirken auch die Themen Führung, Kommunikation, Partizipation und Befähigung ein. Zum Prozess des Change Managements zählt alles – von der Planung über die Umsetzung bis zur Integration. Er basiert auf der Annahme, dass Veränderung nur durch gezielte Steuerung und Anleitung gelingen kann. Dies spricht für ein starkes Steuerungsbedürfnis und sollte sich auch im Prozess widerspiegeln.

Voraussetzungen für einen erfolgreichen Prozess

Über jeglichem Prozess sowie der entsprechenden Planung steht die Zielsetzung, das Change-Vorhaben erfolgreich umzusetzen. Dies erfordert Klarheit über die Inhalte und die Erwartungshaltung des Managements und den Zeitplan, ein transparentes Bild der

Verantwortlichkeiten, Rollen nebst Rollenverständnis der Akteure sowie die Zusammensetzung der einzelnen Gruppen, wie die Steuerungsgruppe (auch bezeichnet als Lenkungsausschuss oder Steering Committee), Projektteams oder Arbeitsgruppen. Auch die Einbindung von Externen und deren Rollen sowie Aufgaben müssen geklärt und transparent sein. Daher genügt es nicht, ausschließlich den Prozess zu planen und zu dokumentieren. Vor allem die Steuerungsgruppe muss detailliert vorbereitet sein, damit ein gemeinsames Verständnis entstehen kann. Das kann beispielsweise durch Pre-Meetings zu Zielsetzung, inhaltlicher und zeitlicher Planung, Kommunikation, Selbstverständnis und Aufgabenprofil der Beteiligten, Häufigkeit der Meetings und deren Struktur erfolgen. Es werden Fragen geklärt, wie im Change-Prozess zusammengearbeitet wird, welche Regeln sich die Akteure geben, was Priorität hat und was auf keinen Fall passieren darf. Ebenso muss geklärt werden, wer die Führung und Moderation der genannten Themen übernimmt und wer als Qualitätsmanager darauf achtet, dass die Inhalte eines Meetings auch dem entsprechen, was vereinbart wurde. Ein Zeitmanager kann der Runde Feedback geben, wenn man sich an einem Thema festbeißt oder in der Diskussion eine Abzweigung nimmt, die von der Sache wegführt. Diese Details und Rollen tragen entscheidend dazu bei, dass der Change-Prozess fließen kann und den Weg für die einzelnen Maßnahmen ebnet.

Wie muss ein Prozess inhaltlich gestaltet sein?

Für einen erfolgreichen Prozess im Change Management ist es wichtig, ihn professionell vorzubereiten, ihn über die Geschäftsleitung zu positionieren, verständlich zu kommunizieren und die Umsetzung zu begleiten. In der Praxis sind Themen des Change Managements mit weitreichender Auswirkung in der Regel bei der Geschäftsleitung verankert. Die Umsetzung erfolgt gesteuert durch Personen mit Funktionen direkt unterhalb der Geschäftsleitung oder – je nach Organisationsgröße und -struktur – zwei Ebenen darunter. Dies gibt Aufschluss darüber, wie viel Bedeutung das Change Management für ein Unternehmen hat beziehungsweise ihm gegeben werden soll. Die Positionierung hat auch eine entscheidende Wirkung auf die Belegschaft. Je weiter oben in der Hierarchie, desto mehr Augenmerk wird darauf gerichtet. Bei agil orientierten Organisationen kann sich dies anders darstellen oder grundlegend anders organisiert sein, denn hier erfolgt die permanente Adaption und Transformation schon zu einem großen Teil aus der Organisation selbst heraus beziehungsweise entsteht aus dem Mindset, sich schrittweise und kontinuierlich zu optimieren.

Unabhängig von der Positionierung des Change Managements muss es strategieorientiert und vorausschauend erfolgen und es muss den Widerstand der Belegschaft bestmöglich vermeiden. Je abweichender der Prozess des Change Managements von den bisherigen Arbeitsweisen, desto aufwendiger wird die Umsetzung und desto wichtiger ist eine entsprechende Planung, Kommunikation und Begleitung. Eine pauschal empfehlenswerte oder richtige Vorgehensweise gibt es aufgrund der unterschiedlichen Ausgangssituationen, Anforderungen, Problemstellungen sowie Zielsetzungen nicht.

Im Prozess sind eine ganzheitliche Betrachtung und ein ebensolches Konzept notwendig, das heißt, es erfolgt keine Einzel-Tool-Anwendung in Form einer einzelnen Intervention oder eines Modells. Ist die Expertise intern nicht vorhanden, ist es empfehlenswert, diese über externe Change-Experten einzukaufen und diese hinzuzuziehen. So können auch die unternehmenseigenen Ressourcen, die oftmals sehr rar sind, entlastet werden.

Change Architektur und Interventionsdesign

Ist die Zielsetzung für das Change Management geklärt, werden entsprechend der Ausgangssituation, der Aufgabenstellung, der relevanten Unternehmensstruktur und Unternehmenskultur das Konzept und die Detailplanung für das Change Management erstellt. Bestandteil eines Change-Management-Konzeptes können sein:

- Interventionsarchitektur beziehungsweise Change Architektur,
- Interventionsdesign (Königswieser & Exner, 2019; Königswieser & Hillebrand, 2019),
- Projektplan.

Change Architektur

Für die Verwendung des Begriffs *Change Architektur* beziehungsweise *Interventionsarchitektur* im Change Management wurde die bildliche Metapher eines Immobilienprojektes mit der entsprechenden Architekturplanung genutzt (Königswieser & Hillebrand, 2019). So ist die Change Architektur als grundlegender Plan und Übersicht des großen Ganzen zu verstehen, verglichen mit dem Bauplan eines Immobilienprojektes. Für das Change Management bedeutet es, dass die Change Architektur all das beinhaltet, was im konkreten Change-Vorhaben erfolgen soll. Als Gesamt- beziehungsweise Grobplanung enthält sie die relevanten inhaltlichen, zeitlichen, sozialen, räumlichen und symbolischen Dimensionen: die *Zielsetzung*, die *Dauer* der Change-Begleitung, wer die *Beteiligten* sein sollen, insbesondere in der Steuerungsgruppe sowie den *Ort* der Umsetzung. Gibt es eine bestimmte *Symbolik* im Unternehmen, kann diese aufgegriffen werden. Ein Beispiel: Bei einem Werkzeughersteller wird in der Unternehmenskommunikation häufig von »Werkzeugkasten, Tools, Ärmel hochkrempeln« auch im übertragenen Sinne gesprochen. Diese Begriffe und Bilder werden aufgenommen und können den symbolischen roten Faden im Change-Vorhaben bilden. Eine gut gewählte Sprache macht es für die Beteiligten verständlich und nahbar.

Die Change Architektur beinhaltet eine Übersicht aller zur Anwendung kommenden Methoden, Modelle beziehungsweise Interventionen (Kapitel 1.1) je Beteiligtengruppe. Auch der beschriebene Kommunikationsplan (Kapitel 3.3) und dessen Maßnahmen sind enthalten. Dadurch wird die Change Architektur zur *Roadmap* im Change. Sie schafft Klarheit, Transparenz und Stabilität, indem sie Orientierung gewährleistet und allen Beteiligten den großen Plan und Ablauf aufzeigt. So kann das gute Gefühl entstehen, dass die anstehenden Herausforderungen bewältigbar sind. Eine exemplarische und vereinfachte Change Architektur zeigt Abbildung 10.

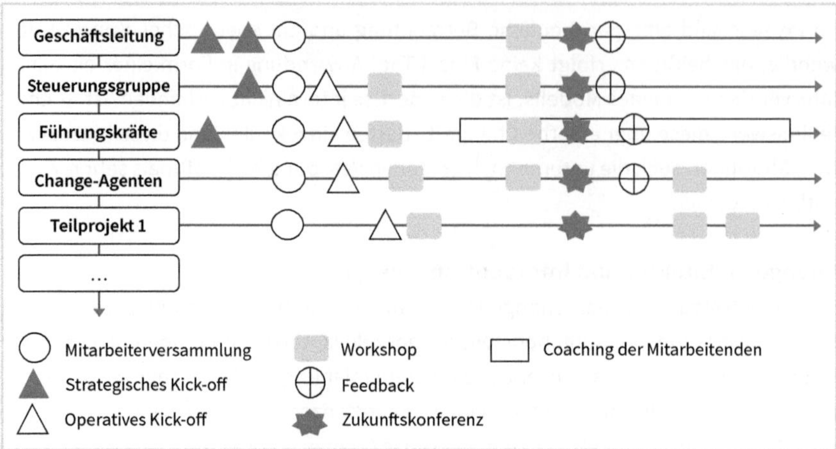

Abb. 10: Change Architektur (exemplarisch, vereinfacht)

Interventionsdesign

Das Interventionsdesign steht, um in der bildlichen Metapher (Königswieser & Exner, 2019; Königswieser & Hillebrand, 2019) zu bleiben, für das Innere einer Immobilie und somit die Innenarchitektur. Für das Change Management bedeutet dies die konkrete Ausgestaltung, die Details und die Antworten auf die Frage, wie das Change Management umgesetzt wird und wie die Gestaltung und Strukturierung der einzelnen Architekturelemente erfolgt. Letztere sind Interventionen und schließen in Abbildung 10 auch zur Anwendung kommende Methoden und Modelle ein. Vergleichbar ist das Design mit einem Ablaufplan, der wiederum inhaltlich, zeitlich, sozial, räumlich sowie symbolisch die konkrete Gestaltung und Umsetzung beinhaltet, jedoch detailliert – beispielsweise, mit welcher Zielsetzung bestimmte Einzelmaßnahmen ergriffen werden beziehungsweise welche Interventionen dafür angewendet werden und welche Wirkung daraus entstehen soll, wie sie konkret ablaufen und welchen Umfang sie haben sowie die dafür vorgesehene Zeit je Maßnahme. Dazu gehört auch, welche Rollen notwendig sind, welche Funktionen sowie Aufgaben sie innehaben und welches Mindset in den Rollen notwendig ist, wie groß die relevanten Gruppen sind und wie sie zusammengesetzt sein sollen (beispielsweise bei Teilprojekten) und wie die Umsetzung räumlich erfolgt: vor Ort (zielgerichtete Raumgestaltung: Tische, Stühle, Anordnung), virtuell oder hybrid. Ebenso muss geklärt sein, wie Führung im Change definiert ist, welche Maßnahmen ergriffen werden, beispielsweise Coachings und deren Zielsetzung, Ablauf, Zeitaufwand und wie die Verbindung der Unternehmenssymbolik mit dem Change-Vorhaben erfolgen kann sowie im Detail integriert und umgesetzt wird. Für diese Detaildarstellung im Interventionsdesign bietet sich eine textliche Darstellung an, zum Beispiel in Tabellenform.

Projektplan

Ein ergänzender Projektplan zeigt im Detail auf, welche Maßnahmen wann ablaufen. Er dient als ergänzende Übersicht zur Change Architektur und stellt die Maßnahmen des detaillierten Interventionsdesigns in einer weiteren Übersicht dar. Ob dieser zur Anwendung kommen soll, ist von den Anforderungen des Change-Vorhabens abhängig, aber auch davon, welches die im Unternehmen üblichen Darstellungsformate sind. Ist es in einem Unternehmen üblich, mit Projektplänen zu arbeiten, kann es hilfreich sein, die Beteiligten hierüber an das Change-Vorhaben und das Change-Konzept heranzuführen. Ein vereinfachter exemplarischer Projektplan für die ersten drei Monate einer Transformation ist in Abbildung 11 dargestellt.

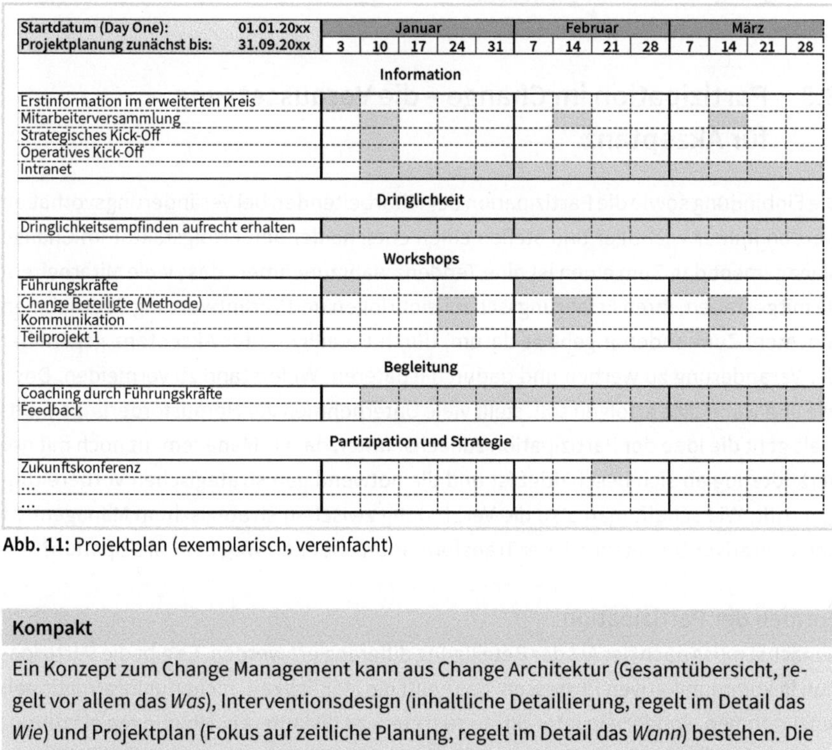

Abb. 11: Projektplan (exemplarisch, vereinfacht)

Kompakt

Ein Konzept zum Change Management kann aus Change Architektur (Gesamtübersicht, regelt vor allem das *Was*), Interventionsdesign (inhaltliche Detaillierung, regelt im Detail das *Wie*) und Projektplan (Fokus auf zeitliche Planung, regelt im Detail das *Wann*) bestehen. Die im Unternehmen vorherrschende Symbolik sollte aufgenommen werden, denn sie kann dabei helfen, dass sich Beteiligte leichter auf die Veränderung einlassen können.

Erfolgsmessung

Zum Prozess zählt auch eine Erfolgsmessung aller Maßnahmen sowie der Ergebnisse des Change Managements. Da diese oftmals nicht – ausschließlich – in Zahlen, Daten oder Fakten erfolgen beziehungsweise vorliegen, sind die Kriterien vorab festzulegen (Kapitel 4.2.6), sodass sich die Evaluation aus quantitativen und qualitativen Elementen zusammensetzt. Einige Beispiele seien zur Veranschaulichung genannt:

- Anzahl von durchgeführten Coaching-Gesprächen (quantitativ) und das diesbezügliche Mitarbeiterfeedback (qualitativ),

- Beteiligungsquote der Mitarbeitenden an einer Zukunftskonferenz (quantitativ) und ihr qualifiziertes Feedback in einem systematischen Feedbackprozess (qualitativ),
- für das gesamte Projekt: Reduktion der Fluktuation und/oder Erhöhung des Unternehmensgewinns um einen bestimmten Prozentsatz bis zu einem bestimmten Zeitpunkt (direkt messbar, beides quantitativ),
- Weiterentwicklung der Unternehmenskultur und Verbesserung des Betriebsklimas (Mitarbeiterumfrage, qualitativ).

3.5 Partizipation im Change – die Voraussetzung für Akzeptanz

Die Einbindung sowie die Partizipation der Mitarbeitenden bei Veränderungsvorhaben werden immer wichtiger und stellen einen entscheidenden Erfolgsfaktor im Change Management dar. Zum einen ist eine Tendenz wahrzunehmen, dass viele Mitarbeitende mitgestalten, ihren Erfahrungsschatz einbringen und Verantwortung übernehmen möchten. Zum anderen geht es darum, durch Beteiligung für Akzeptanz gegenüber der Veränderung zu werben und dadurch (späteren) Widerstand zu vermeiden. Doch wie und wann dies erfolgen soll, stellt viele Unternehmen vor Herausforderungen. Oftmals geht die Idee der Partizipation zunächst unter, da das Management noch mit der Veränderung an sich beschäftigt ist und die notwendigen strategischen Vorbereitungen trifft. Wie schafft man also die Verbindung zwischen strategischem Management und operativer Umsetzung einer Transformation über den Weg der Partizipation?

Formen der Partizipation

Zunächst muss nach der Art der Beteiligung differenziert werden. Es gibt die Partizipation in kommunikativen Prozessen, das heißt die Möglichkeit, nicht nur Informationen aufzunehmen, sondern in Interaktion zu treten, zu diskutieren, Meinungen einzubringen, Feedback zu Veränderungen und konkreten Maßnahmen zu geben, dabei tatsächlich auch gehört zu werden sowie mit den eigenen Sichtweisen einwirken zu können. Dies kann als erstes Level einer Einbindung bezeichnet werden. Darüber hinaus kann Einbindung in der Planungsphase des Change Managements erfolgen, in dem einzelne Mitarbeitende in die Steuerungsgruppe aufgenommen werden, den Change mitgestalten, in Projektteams und Arbeitsgruppen inhaltlich an den Themen mitarbeiten oder später in Umsetzungsteams eingebunden werden. Je früher und intensiver die Partizipation erfolgt, desto stärker ist die Identifikation mit der Veränderung.

Aufruf zur Mitgestaltung – nicht zu lange warten

Oftmals kann es für das Management eine Herausforderung bedeuten, bei nicht vollständiger Informationslage oder nicht vorhandenem Handlungsplan bereit zu sein und den Mut aufzubringen, mit den Mitarbeitenden in Interaktion zu treten und sie einzubinden. Dabei ist es wichtig, sich vor Augen zu führen, dass der Wunsch nach Einbindung und Mitwirkung der Mitarbeitenden in der Regel darauf aufsetzt, dass noch nicht alles durchgeplant ist, sondern die Möglichkeit für gestalterische Mitarbeit besteht. Entscheidend ist, wie die Veränderung und der Aufruf zur Mitgestaltung kommuniziert werden. Die Einbindung muss als strategisch geplante Maßnahmen in der Veränderungssituation vorgestellt und erläutert werden, anstatt den Eindruck zu vermitteln, man wisse noch nicht, wohin die Reise geht und das Management selbst befinde sich noch im Schock der Veränderungsnachricht. Im letzteren Fall muss sich das Management in kürzester Zeit davon befreien und souverän vor die Belegschaft treten können.

Je nach Art der anstehenden Veränderung, der Frage, ob ein Change geplant oder völlig überraschend kommt, sowie gegebenenfalls auch der Rechtsform des Unternehmens im Hinblick auf Kapitalverhältnisse (börsennotiert oder nicht) zeigen sich unterschiedliche Ausgangssituationen. In großen Unternehmen und Konzernen, oftmals börsennotiert, kann eine derartige Neuerung, die bisher unter absoluter Geheimhaltung stand, dann sehr plötzlich und überraschend kommen. Bei inhabergeführten Unternehmen oder generell Maßnahmen, die vom Management (mit-)entschieden wurden, fällt diese Schreck- beziehungsweise Schockphase eher weg – nicht jedoch für die Mitarbeitenden. Für sie kommt es entscheidend darauf an, ob sie eine Veränderungsnachricht eher positiv oder eher negativ einschätzen.

Wie kann Partizipation erfolgen?

Bereits wenn eine Gruppe an Mitarbeitenden das optimale Vorgehen für die Zusammenlegung von Geschäftsbereichen ausarbeiten darf, kann das einen großen Erkenntnisgewinn sowie neue Ideen mit sich bringen. Die Beteiligten sind Experten auf ihrem Gebiet und kennen ihr Arbeitsumfeld sowie die kritischen Faktoren in der Regel bestens, ebenso ihren Arbeitsplatz, den Ablauf und die Gestaltung von Arbeit sowie die Zusammenarbeit mit Kollegen, da sie Mitglied im relevanten System sind und die Reaktionen der Beteiligten einschätzen können. In einer Organisation können vor allem gut vernetzte Personen ein umfassendes Bild der arbeits- und interaktionsspezifischen Aspekte haben. Ein seit zehn Jahren im Unternehmen tätiger Projektmanager in einem Maschinenbauunternehmen kennt beispielsweise mehrere Abteilungs- und Bereichsleiter, teilweise auch privat, hat in zahlreichen Projektteams Erfahrung gesammelt, war unzählige Male in den Produktionshallen und kennt die fachlichen Hintergründe sowie die organisatorischen und unternehmensspezifischen Gegebenheiten seines Arbeits- und Wirkungskreises sowie angrenzender Bereiche.

Ist Einbindung immer sinnvoll?

Es kann auch eine Strategie des Vorgehens sein, diejenigen Personen, die betroffen sind, nicht an den Change-Maßnahmen zu beteiligen, um Neutralität gewährleisten zu können. Dies kann bei sehr kritischen Themen der Fall sein, beispielsweise Werks-

oder Standortschließungen oder betriebsbedingten Entlassungen. Dann geht es um vertrauliche Informationen, die im Vorfeld nicht mitgeteilt werden dürfen. Für die Umsetzung der Veränderung muss individuell betrachtet werden, welche Personen eingebunden werden können sowie in welcher Form und mit welcher Informationstiefe. Lässt man jedoch diesen kritischen Sonderbereich außen vor, kann für Veränderungsvorhaben mithilfe der Beteiligten sukzessive verändert, angepasst beziehungsweise optimiert werden. Sofern ein zu gestaltendes Feld vorhanden ist, kann eine Einbindung der Mitarbeitenden auch zu deren Motivation dienen und vor allem die Akzeptanz für die Veränderung erhöhen, die bis zu Begeisterung führen kann.

Oftmals verursacht der Planungsvorlauf in Change-Projekten hohen Zeitaufwand und die Information an die Mitarbeitenden verzögert sich. Haben sie inoffiziell bereits Wind von der Sache bekommen, denn Flurfunk und Spekulation lassen sich kaum vermeiden, mangelt es womöglich gleich zu Beginn an Akzeptanz oder Bereitschaft zum Mitwirken und Mitgestalten im Change. Stattdessen kann Frustration oder eine negative Grundhaltung die Folge sein. Je mehr Personen eingebunden werden – Betriebsrat, Führungskräfte, interne Experten –, desto eher besteht die Gefahr, dass Informationen durchsickern. Auch wenn Veränderungsvorhaben zwar kommuniziert wurden, aber der Informationsfluss von Management über die mittlere und untere Führungsebene zu lange dauert, kann dies zu Verunsicherung und Unzufriedenheit bei der Belegschaft führen.

Führungskräfte der unteren sowie der mittleren Ebene sind für eine längere Vorlaufzeit im Change oft erst mal außen vor, bis das Wichtigste im Management geklärt ist. Eine offene Veränderungskultur hingegen ermöglicht eine frühe Einbindung der Mitarbeitenden und sieht die mittleren und unteren Führungskräfte als wichtige Multiplikatoren im Change. Dann werden sie möglichst frühzeitig eingebunden, um die Themen einer anstehenden Veränderung in die Belegschaft zu tragen und diese bei Bedarf zu übersetzen, denn die Sprache des Managements ist voraussichtlich eine andere als die der Mitarbeitenden, auch wenn man sich im selben Unternehmen befindet: Das Management betrachtet strategisch, die Mitarbeitenden vorrangig mit den Auswirkungen auf das eigene Arbeitsumfeld und die persönliche Rolle. Es geht für Change-Experten und Führungskräfte in allen Phasen eines Change-Vorhabens um vermittelndes, steuerndes und integrierendes Agieren. Das kann das Management auf persönlicher Ebene zu den einzelnen Mitarbeitenden nicht ausreichend gewährleisten und würde die Gefahr mit sich bringen, dass strategische Aufgaben darunter leiden und der notwendige Blick aufs große Ganze und in die Zukunft zu stark beeinflusst wird. Daneben ist jedoch elementar wichtig, dass das Management ein möglichst realitätsnahes Bild über die Belegschaft hat – wo die Beteiligten stehen und wie es ihnen im Hinblick auf die anstehenden Veränderungen geht. Daher kommen die mittleren und unteren Führungskräfte ins Spiel, die dem Management ihre diesbezüglichen Eindrücke spiegeln.

Insgesamt ist der Informations- und Einbindungsprozess zum einen Top-down (von Management, Führungsebenen zu Mitarbeitenden) zu beschleunigen, sodass eine Einbindung der Mitarbeitenden Bottom-up so schnell wie möglich erfolgen kann. Auch bei noch nicht vollständig erfolgter Planung und Beantwortung aller Fragestellungen muss ein Dialog mit den Mitarbeitenden aufgenommen werden und es darf nicht zu viel Zeit zwischen den einzelnen Informationsstufen von Management zu Führungskräften, Steuerungsgruppe, Change-Agenten und allen weiteren Mitarbeitenden verloren werden. Stattdessen können Mitarbeitende bereits frühzeitig in Aufgaben des Change Managements eingebunden werden. Sie können als Change-Agenten eine wichtige operative Rolle übernehmen und an Detailthemen arbeiten, eine unterstützende Verbindung zur Belegschaft sein und so das Verständnis für anstehende Change-Maßnahmen stärken.

3.6 Befähigung im Change – Handlungsfähigkeit sicherstellen

Im Hinblick auf Befähigung und deren Gewährleistung sind zwei Bereiche zu betrachten, die personelle Ebene sowie die Unternehmensebene. Vor diesem Hintergrund ergeben sich zwei zentrale Fragestellungen:

- **Personelle Ebene**: Sind die beteiligten Personen (Führungskräfte, Mitarbeitende und Change-Experten) mit den notwendigen Kenntnissen, Fähigkeiten und Kompetenzen ausgestattet, um ihre Aufgaben sowie die anstehenden Herausforderungen einer Veränderung zu meistern?
- **Unternehmensebene**: Sind die Arbeitsbedingungen, die Arbeitsumgebung und der Arbeitsplatz so gestaltet, dass die Mitarbeitenden ihre Aufgaben reibungslos erledigen sowie die anstehenden Veränderungen bewältigen können?

Personelle Ebene

Auf der personellen Ebene ist die Frage zu beantworten, ob die Mitarbeitenden auf die anstehende Veränderung ausreichend vorbereitet sind. Dabei geht es um Kenntnisse und Kompetenzen (Kapitel 4.4.1) sowie um das persönliche Befinden in Bezug auf die anstehenden Veränderungen und den damit verbundenen Herausforderungen. Wenn entsprechende Fähigkeiten und Wohlbefinden vorhanden sind, können die Beteiligten eine Veränderung eher als Chance und Verbesserungsmöglichkeit ansehen. So wird voraussichtlich deutlich weniger Widerstand entstehen, als wenn sie einen Change als Risiko beziehungsweise Belastung einschätzen. Dies hängt auch eng damit zusammen, wie groß und einschneidend die Beteiligten die anstehende Veränderungsmaßnahme einstufen.

In Bezug auf einen Change gilt es zu eruieren, ob die Beteiligten über die notwendige persönliche Befähigung für eine weitreichende Veränderung verfügen oder ob es Befähigungsthemen gibt, die die Beteiligten im Vorfeld auf die anstehenden Veränderungen (noch besser) vorbereiten könnten. Dies gilt auch für Themen, die während der Umsetzung einer Veränderung auftreten beziehungsweise sich zeigen. Für Mitarbeitende können dies zum Beispiel Handlungs- und Projektmanagementkompetenzen sein, für Führungskräfte Entscheidungs- und Konfliktlösungskompetenzen. Das Anforderungsprofil hängt immer von der Aufgabenstellung und Situation ab und wird sich immer wieder verändern, sodass Anpassungen erfolgen müssen. Daher ist Offenheit der Beteiligten für neue Erkenntnisse und Bereitschaft zu lebenslangem Lernen eine wichtige Grundvoraussetzung für eine befähigte Belegschaft. Es bedarf dafür einer Kultur, die Lernen ermöglicht und unterstützt, dafür auch das Stellen von Fragen nicht verurteilt oder als mangelndes Wissen sieht und das gegenseitige Helfen etabliert ist. Wer nun denkt, dies sei eine Selbstverständlichkeit, kann beim Blick in unterschiedlichste Unternehmen einen anderen Eindruck gewinnen. Hoher Zeitdruck, ausgeprägte Fokussierung auf die eigenen Zielvorgaben oder eine Unternehmenskultur, die sich über Expertenwissen wie Forschung, Entwicklung oder Fachlichkeit definiert, können einem gemeinsamen Lernen entgegenstehen. Wissen wird dann teilweise eher gehortet, statt geteilt.

Sofern notwendiges Know-how nicht in entsprechender Tiefe in einer Organisation vorhanden ist, sollte ein Unternehmen nach Lösungen suchen, wie dieses Wissen in das Unternehmen integriert werden kann, beispielsweise über externe Weiterbildungen oder den Einkauf von Schulungsmaßnahmen. Auch Wissensmanagement kann eine hilfreiche Maßnahme sein, um wertvolle (Sach-)Kenntnisse zugänglich zu machen. Dafür ist eine Dokumentation notwendig (niedergeschriebene Informationen), die im Unternehmen frei zugänglich ist und es muss kommuniziert werden, wo die Informationen zu finden sind. Gegebenenfalls kann auch ein unternehmenseigenes Wiki erstellt werden, das allen, die einen Beitrag leisten möchten, Zugang und Mitwirkung ermöglicht und das System sich selbst kontrolliert, indem Mitarbeitende auch Korrekturen vorschlagen können.

Unternehmensebene

Für einen reibungslosen Ablauf von Tätigkeiten und eine sinnvolle Arbeitsorganisation müssen die Arbeitsbedingungen so gestaltet sein, dass sie dies unterstützen und keinesfalls die Abläufe behindern, verlangsamen oder ihnen entgegenstehen. Dazu zählen ein geeigneter Arbeitsplatz sowie notwendige und unterstützende IT-Systeme. In Veränderungssituationen wünschen sich Mitarbeitende oftmals auch die Trennung und das Abschirmen von Störfaktoren für die persönliche Arbeit. Sie benötigen Lösungen für organisatorische Hürden oder auch Probleme und Schwierigkeiten, die ein Change mit sich bringen kann. Gibt es derartige Defizite und Baustellen, wird in anstehende Veränderungen die Hoffnung gesetzt, dass durch Verbesserungen in Bezug auf die Arbeitsfähigkeit von ihnen profitiert werden kann. So gehen beispielsweise bei einem Zukauf eines Unternehmens, welches für seine IT-Expertise bekannt ist, die Mitarbeitenden von zukünftigen technischen Optimierungen in Form der hinzu-

HAUFE

Haufe Service Center GmbH Postfach 79091 Freiburg

Zeitfracht Medien GmbH Barsorti
ment, VN20008
Ferdinand-Jühlke-Str. 7
99095 Erfurt

Service & Kontakt
haufe.de/kontakt
service@haufe.de
0800 50 50 445 (Mo.-Fr. 8-18 Uhr)
Ihr Kundenkonto: haufe.de/meinkonto

Lieferschein 1400000893

Ihre Bestellangaben

Verkehrsnummer: 20008

Ihre Bestellung vom
22.07.2026

Leistungsempfänger
Zeitfracht Medien GmbH Ust.ID-N
r DE 18 53 77 702 Zentraler Rech
nungseingang
Industriestr. 23
70565 Stuttgart

Rücksendeanschrift
Müller - Die lila Logistik SE
Haufe-Remittenden
Tor 6-10
Am Buchberg 8
74572 Blaufelden

Kundennummer	Lieferdatum

91508602 / Lieferung erfolgt separat durch unseren Print-on-Demand-Dienstleister Ersatzlieferung Vorgangsnummer 790358007/3006506

Vorgang: 3006506 / 5822519

Material-Nr./ Auftrags-Nr.	Titel/Bezeichnung	Menge
1100018793 3000025598	**Stürzer; 9.A. Praxishandbuch Wohnungseigentum** EAN 9783648194447	1
1100019216 3000025598	**Pröbstl;1.A. Crashkurs Change Management** EAN 9783648167854	1
1100019816 3000025598	**Fliegen; 3. A.; Crashkurs Recruiting** EAN 9783648184974	5

kommenden oder ersetzenden IT-Systeme und Fortschritte in der Digitalisierung aus. Auch eine Verstärkung in der personellen Aufstellung wird durch einen Zukauf meist vermutet, erwartet und erhofft. Steht derartiges im Raum, kann dies unterstützend in die Kommunikation zum Change einfließen und zur Reduzierung oder Vermeidung von Widerstand beitragen. Im besten Fall lassen sich dadurch innerhalb der Belegschaft auch Unterstützer der Veränderungsmaßnahme gewinnen. Gefährlich wird es, wenn diese Erwartungen im Raum stehen, im Change-Konzept jedoch ganz andere Pläne vorgesehen sind. Im Zuge eines Unternehmenszukaufs wird beispielsweise gleichzeitig betriebswirtschaftlich optimiert. Dafür wir die IT-Abteilung durch einen externen Dienstleister ersetzt. Synergien werden genutzt, um Stellen zusammenzufassen und dadurch Personalkosten einzusparen. Eine solche Entscheidung ist natürlich nicht im Sinne der Mitarbeitenden, die um ihre Stellen bangen und auf Verbesserungen hoffen.

Möchte man die Intelligenz des Systems, der Mitarbeitenden nutzen, kann auch ein betriebliches Vorschlagswesen eingeführt werden – denn die jeweiligen Personen, die mit Themen und Aufgaben betraut sind, sind in der Regel die Experten in ihren Arbeitsfeldern. Werden umgesetzte Ideen prämiert, kann dies den Ideenreichtum der Belegschaft anspornen und das Mitdenken fördern. Nicht umgesetzte, aber dennoch gute Ideen können mit kleinen Aufmerksamkeiten belohnt werden. So werden Mitarbeitende ermutigt, (auch weiterhin) Vorschläge einzubringen und die im Unternehmen vorhandene Kreativität wird stetig gefördert.

Zu allen genannten Maßnahmen auf personeller Ebene und Unternehmensebene können Erfolgsgeschichten in der Mitarbeiterzeitschrift oder dem Intranet vorgestellt werden. Dies dient nochmals als Zeichen der Wertschätzung sowie als Signal des Unternehmens, dass dies ausdrücklich erwünscht ist und wahrgenommen wird. Folglich fließt dies auch in die kulturelle Entwicklung des Unternehmens ein und kann die Innovationskraft einer Organisation stärken.

4 Phasen des Change Managements

Für die Planung eines Change-Vorhabens ist es sinnvoll, dieses in Phasen zu strukturieren. Nachfolgend werden die vier Phasen *Analyse, Planung, Umsetzung* und *Integration* zugrunde gelegt. Andere Aufteilungen sind ebenfalls denkbar, zum Beispiel eine anschließende Evaluationsphase. Hier soll jedoch gezielt ein vierstufiger Weg aufgezeigt werden, bei dem die Evaluation als laufender Prozess ab Phase 2 (Planung) integriert wird.

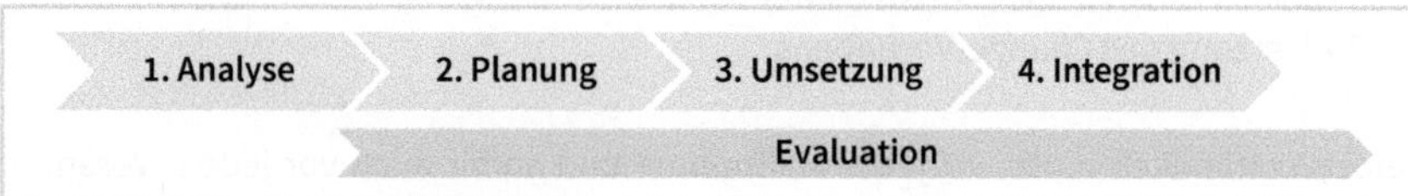

Abb. 12: Phasen im Chance Management

In der *Analysephase* steht die Auftragsklärung mit dem Ergebnis einer Zieldefinition für die geplante Veränderung im Fokus. Über Mitarbeiterbefragungen und weitere Analysen erfolgen ergänzend eine Bestandsaufnahme sowie eine Einordnung der Ausgangssituation, um ein möglichst reales Bild des Ist- und des Zielzustandes zu gewinnen.

In der *Planungsphase* wird mit der Change Architektur definiert, welche Methoden und Interventionen zur Anwendung kommen sollen, und mit dem Interventionsdesign sowie einem Projektplan, wie dies im Detail umgesetzt wird (Kapitel 3.4).

Die *Umsetzungsphase* beinhaltet die praktische Anwendung, den Umgang mit Widerständen und Paradoxien sowie Antworten auf die Reaktionen unterschiedlicher Veränderungstypen.

In der *Integrationsphase* ist darauf zu achten, dass die relevanten Kompetenzen weiterentwickelt werden sowie bereits Umgesetztes und Erlerntes nachhaltig integriert werden.

Im Sinne einer nachvollziehbaren *Evaluation*, einer kritischen Bewertung, sind die jeweiligen Evaluationskriterien in der Planungsphase festzulegen sowie im Hinblick auf eine langfristig wirkende Veränderung über die Integrationsphase hinaus laufend zu überprüfen.

4.1 Analysephase

Fällt die Entscheidung für ein Change-Vorhaben, ist das Problem meist schon so groß geworden, dass Zeit- und Handlungsdruck vorhanden sind – oder es werden aus einer Situation der Stärke heraus Veränderungen initiiert, um neue Pfade zu beschreiten und Chancen zu ergreifen. Beides kann leicht dazu verleiten, übereilt mit Veränderungsmaßnahmen zu beginnen und der Vorabanalyse kein oder nur wenig Augenmerk zu schenken. Dann besteht die Gefahr, dass zwar Aktivitäten angestoßen werden, diese jedoch nicht die entscheidenden Probleme lösen können, sondern eher als Aktionismus empfunden werden und in Chaos enden können – denn nur wenn eine ausreichende Analyse durchgeführt wurde, kann die Planung zielgerichtet darauf aufsetzen. Daher muss im Vorfeld Folgendes detailliert analysiert werden:

- Rollen- und Auftragsklärung im Change,
- Ausgangsdaten und Ausgangssituation,
- Organisationsform und vorherrschende Arbeitsweisen sowie
- Zielsetzung des Change-Vorhabens.

Selbstverständlich muss vor jeder Maßnahme und somit auch vor jedem Veränderungsvorhaben eine *Budgetklärung* erfolgen, denn dessen Höhe bestimmt den möglichen Rahmen des Change-Projektes. Die Analyse geht jedoch grundsätzlich erst einmal von den notwendigen Maßnahmen aus und ergibt den finanziellen Aufwand. Dabei sind neben den externen Kosten auch die internen Arbeitszeiten und Kostensätze der einzubindenden Personen zu kalkulieren. Diese Kalkulation fließt zusammen mit einer Nutzen- sowie Chancen- und Risikoanalyse in eine Entscheidungsvorlage ein, oftmals als *Businessplan* oder *Business Case* bezeichnet. Liegt seitens der Unternehmensleitung die Genehmigung inklusive Budgetfreigabe vor, kann die konkrete Umsetzungsplanung beginnen. Dabei ist wichtig, dass nicht zu viel Zeit verstreicht, bis die ersten kommunizierbaren Schritte unternommen werden. Das bedeutet, volle Konzentration und Aufmerksamkeit in die Analysephase zu investieren, um möglichst rasch, aber dennoch mit gründlicher Prüfung zutreffende Erkenntnisse zu gewinnen und das Veränderungsvorhaben in die Sichtbarkeit der Belegschaft zu bringen. Für die notwendige Klarheit über die Ausgangssituation, die Zusammenhänge sowie der Beteiligten ist auf Basis der bisherigen Analysen auch eine konkrete Rollen- und Auftragsklärung vorzunehmen. Im Anschluss erfolgt die Analyse der Ausgangssituation sowie der Zielsetzung des Change-Vorhabens.

4.1.1 Rollen- und Auftragsklärung

Rollen

Im Change Management gibt es grundsätzlich folgende Rollen:

- Auftraggeber (i. d. R. die Geschäftsleitung)
- Steuerungsgruppe (auch Lenkungsausschuss, Steering Committee/Board)
  - interne Change-Experten (Mitarbeitende mit Change-Expertise)
  - interne Change-Agenten (Mitarbeitende, die im Change eine aktive Rolle übernehmen)
  - externe Change-Experten (Berater, sonstige Experten)

- Stakeholder (alle Personen oder Gruppen, von denen das Unternehmen abhängig ist, beispielsweise Aktionäre, Kunden, Mitarbeitende, Lieferanten, sowie jene, die die Ziele einer Organisation beeinflussen, z. B. Wettbewerber, Behörden, Verbände).

Für eine professionelle Begleitung einer Veränderung können interne sowie externe Change-Experten involviert werden. Die Geschäftsleitung hat dabei in der Regel die Rolle des Auftraggebers. Sie bestimmt das übergeordnete strategische Gremium im Change Management, die Steuerungsgruppe, welche auch als Lenkungsausschuss, Steering Committee oder Steering Board bezeichnet wird. Nachfolgend wird der Begriff der Steuerungsgruppe verwendet. Sie kann zum Beispiel aus ausgewählten Führungskräften und im Unternehmen anerkannten Experten bestehen. Wie die Steuerungsgruppe letztendlich zusammengesetzt wird, ist eine Frage der Ausgangssituation, der Zielsetzung sowie der verfolgten Unternehmenskultur mit erwünschtem Partizipationsgrad. Empfehlenswert ist es, Personen zu wählen, die Unterstützer von Veränderungen sind und somit zu echten Verbündeten werden können, die über ausgeprägte Leadership-Kompetenz und weitere relevante Kompetenzen (Kapitel 4.4.1) für das anstehende Change-Vorhaben, beispielsweise Problemlösungs- und Projektmanagementkompetenzen, sowie ausreichende Reputation im Unternehmen verfügen. Nach ähnlichen Kriterien sind die Change-Agenten auszuwählen. Sie sind üblicherweise operative Unterstützer, die eine Veränderung begleiten. Diese Personen beziehungsweise Gruppen sowie generell alle Personen, die ein Interesse an einem konkreten Change-Projekt haben, werden auch als Stakeholder bezeichnet.

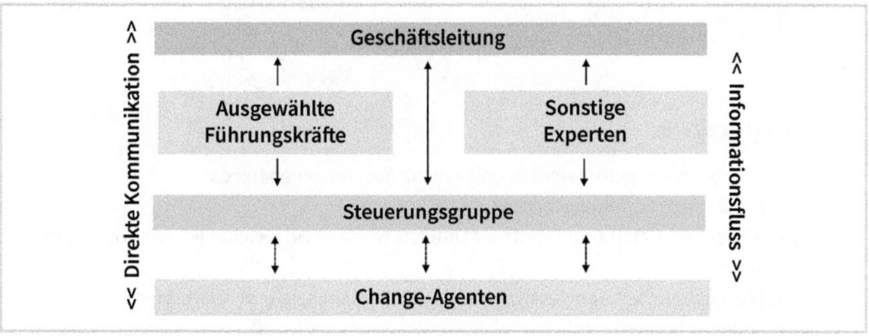

Abb. 13: Rollen und Funktionen im Change Management (beispielhaft)

Ist eine **Arbeitnehmervertretung** wie ein Betriebs- oder Personalrat vorhanden, ist es empfehlenswert, diese frühzeitig über geplante Änderungen zu informieren, auch wenn zu gegebenen Sachverhalten (noch) keine Informationspflicht und kein Mitbestimmungsrecht bestehen. Ergeben sich zu einem späteren Zeitpunkt mitbestimmungspflichtige Themen wie Einführung von Kurzarbeit, Sonderschichten, Delegationen mit Veränderungen im Aufgabenfeld, ist davon auszugehen, dass sie einfacher zu verhandeln sind, wenn vorab freiwillig darüber informiert wurde. Im besten Fall ziehen Unternehmensleitung und Arbeitnehmervertretung an einem Strang – was aufgrund unterschiedlicher Interessenlagen nicht immer gewährleistet sein wird, jedoch unterstellt wird, dass ein gemeinsames Interesse für eine zukunftsgesicherte Unternehmensfortführung vorhanden ist und dies für beidseitige Verhandlungs- und Kompromissbereitschaft sorgt. Des Weiteren kann es hilfreich sein, dass durch die freiwillige Einbindung später aufkommender Widerstand reduziert oder vermieden wird.

Auftragsklärung

Sind die Rollen festgelegt, gilt es, den Auftrag zu definieren. Die Grundlage dafür bilden klare Absprachen sowie nachvollziehbare Vereinbarungen. Vor einem Change-Projekt ist daher eine umfassende Auftragsklärung durchzuführen, in der Inhalt und Zielsetzung, Beteiligte, Rahmenbedingungen und Erwartungshaltungen geklärt sowie überprüft werden. Der daraus resultierende Change-Projektauftrag dient als Basis für alle weiteren Aktivitäten und auch für die Evaluation. Die Auftragsklärung wird nachfolgend problem- und situationsorientiert unter Bezugnahme auf die sichtbaren sowie offensichtlichen Aspekte durchgeführt. Als zweite Möglichkeit der Auftragsklärung wird eine systemische Vorgehensweise aufgezeigt. Hierbei wird der Auftrag unter zusätzlicher Einbeziehung der Verbindungen, Abhängigkeiten und Interaktionsmuster der Beteiligten geklärt.

Problem- und situationsorientierte Auftragsklärung

Für die problem- und situationsorientierte Auftragsklärung der sichtbaren Aspekte dienen die in Tabelle 1 aufgeführten Fragestellungen als Grundlage. Sie sind mit dem Auftraggeber zu besprechen, durch ihn eindeutig zu beantworten und die Ergebnisse schriftlich festzuhalten.

Inhalt und Zielsetzung
• Welches Problem soll gelöst werden und welche Auswirkungen hat es? • Was ist bisher unternommen worden? • Wie lautet das Ziel – Methode SMART als Unterstützung – und welcher Nutzen wird darin gesehen? • Welche Meilensteine können gesetzt werden, um Zwischenziele zu überprüfen? • Wann gilt der Auftrag als erfüllt?
Beteiligte
• Wer erteilt den Auftrag? • Wer ist beteiligt? • Werden interne/externe Experten das Change-Vorhaben begleiten? • Gibt es bereits einen Projektleiter? • Mit welchen Entscheidungsbefugnissen sind Projektleiter und Change-Beauftragte ausgestattet? • Welche persönlichen Zielvereinbarungen, die sich auf das Veränderungsvorhaben beziehen, gibt es? • Wer ist (primär/sekundär) für das Gelingen des Change-Projektes unverzichtbar?

Rahmenbedingungen
• Gibt es bereits eine definierte Zeitschiene oder Termine, die im Zusammenhang mit dem Change-Projekt stehen? • Welches Budget und welche Ressourcen stehen zur Verfügung? • Wie viele Anläufe gab es bereits, um das Problem zu beheben? • Wie ist die Stimmung in der Belegschaft zum Thema?
Erwartungshaltung
• Welche Erwartungen werden an die Veränderungsmaßnahme gestellt? • Welche Erwartungen werden an den Change-Experten gestellt? • Wie sieht ein zufriedenstellendes Endergebnis aus? • Was darf auf keinen Fall passieren?

Tabelle 1: Problem- und situationsorientierte Auftragsklärung

Die SMART-Methode

Sollen Ziele eindeutig, mess- und überprüfbar formuliert werden, eignet sich die SMART-Methode. Sie wurde erstmals von George T. Doran (1981) erwähnt.

SMART steht als Akronym für Specific, Measurable, Achievable, Reasonable, Time-bound und bedeutet:

- **S**pecific (spezifisch): Ein Ziel muss präzise definiert sein.
- **M**easurable (messbar): Ziele müssen messbar sein.
- **A**chievable (erreichbar): Ein Ziel muss erstrebenswert und machbar sein.
- **R**easonable (angemessen): Das Ziel muss realistisch sein.
- **T**ime-bound (terminiert): Das Ziel (die Erreichung) wird mit einem konkreten Datum fixiert.

Teilweise wurde die Formel auf SMARTe erweitert, wobei das »e« für *eigenständig-initiierbar* steht, was bedeutet, dass ein Ziel von einer Person selbst erreicht werden kann, keine Fremdeinwirkung notwendig ist und eine Zielerreichung somit im persönlichen Möglichkeitsspektrum einer Person liegt.

Je klarer die fünf beziehungsweise sechs Kriterien definiert werden, desto verständlicher ist der Inhalt für die betreffende Person und umso einfacher die Feststellung der Zielerreichung.

Kompakt

Über die Vereinbarung nach dem Format SMART werden Ziele transparent, eindeutig, machbar und eigenständig umsetzbar formuliert. Handelt es sich um Ziele, die sich auf eine Gruppe von Personen bezieht, muss klargestellt sein, inwiefern eine eigenständige Initiierung erfolgen kann.

Systemische Auftragsklärung mit dem Auftragskarussell

Bei der systemischen Vorgehensweise sind in der Auftragsklärung neben den sichtbaren Aspekten auch die Verbindungen, Abhängigkeiten und Interaktionsmuster der Beteiligten zu analysieren. Hierfür kann das Auftragskarussell nach Arist von Schlippe (1996, 2006) dienen. Dabei werden alle relevanten, direkt und indirekt Beteiligten einbezogen, ohne dass diese anwesend sein müssen. So kann ein Informationskarussell verbildlicht werden, wer welchen direkten und indirekten Auftrag stellt, wer mit wem wie in Verbindung, Zusammenhang oder auch Abhängigkeit steht und welche Konsequenzen dies im Zusammenspiel mit sich bringt.

Zunächst werden in einem ersten Durchgang alle Stakeholder und Stakeholder-Gruppen sowie deren Aufträge durch den Auftraggeber benannt und visualisiert. Danach werden in einem weiteren Durchgang gegebenenfalls vorhandene verdeckte Aufträge der Beteiligten analysiert und notiert. Diese können deutlich von den offiziellen Aufträgen abweichen. Im Anschluss erfolgt – soweit notwendig und sinnvoll – die überprüfende Besprechung mit den Stakeholdern/Stakeholder-Gruppen, um fehlende Informationen zu erhalten, Unklarheiten zu beseitigen beziehungsweise den Auftrag für eine Change-Maßnahme zu verifizieren. Dabei kann deutlich werden, dass neben dem sachlichen Auftrag diverse verdeckte – teilweise widersprüchliche – Aufträge im Raum stehen. So ist mit dem Auftraggeber zu klären, welche Aufträge durch den Change-Experten angenommen werden können sowie verändert, ergänzt oder abgelehnt werden müssen. Der Auftraggeber entscheidet dabei, wie tief gegraben werden soll.

Über das Auftragskarussell lassen sich also auch Grenzen eines Change-Auftrages sowie die Notwendigkeit erkennen, eine Zielformulierung gegebenenfalls zu über-

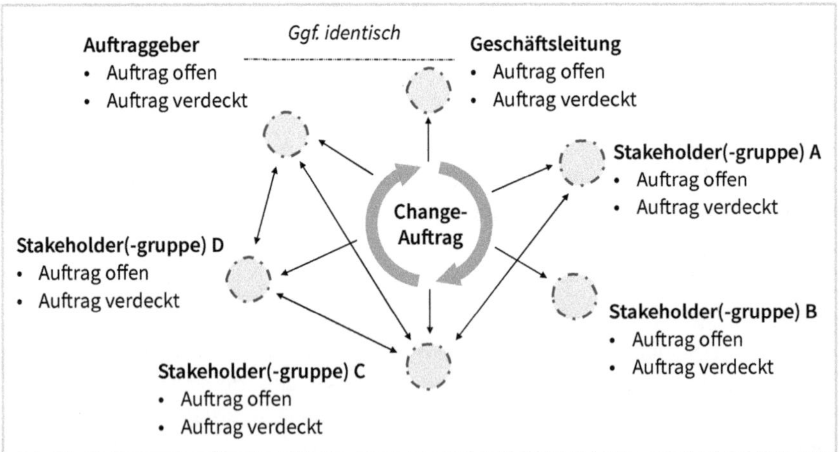

Abb. 14: Das Auftragskarussell (in Anlehnung an Schlippe, 1996, 2006)

arbeiten. Bereits die Auftragsklärung erfordert einen vertrauensvollen Rapport – der Change-Experte ist somit bereits mitten in seiner Arbeit und der Prozess am Laufen, denn auch schon die sortierende Analyse der Situation sowie der Beteiligten kann beim Auftraggeber für einen Erkenntnisgewinn sorgen.

Eine Umgestaltung eines Change-Auftrages kann beispielsweise notwendig sein, wenn ein Geschäftsbereich unzureichende Erfolge verzeichnet und sich in der Auftragsklärung herausstellt, dass die Ursache nicht ausschließlich im Prozess liegt, sondern auch darin, dass die Mitarbeitenden den Führungsstil des Vorgesetzten ablehnen. Würde nun ausschließlich über die Effizienzsteigerung der Prozesse und eine Verbesserung der Zusammenarbeit der Mitarbeitenden agiert, könnte das Problem nicht in seiner Ganzheit gelöst werden. Es würde darüber hinaus die Gefahr bestehen, dass die Resultate der Veränderungsaktivitäten sich nicht wie erwartet auswirken, rasch verpuffen und bei den Betroffenen Verärgerung oder sogar Zynismus hervorrufen. Voraussichtlich wäre die Veränderungsmaßnahme im Nachhinein eine bloße Enttäuschung. Ob allerdings tatsächlich auf Personenebene der Führungskraft und gegebenenfalls weiterer systemrelevanter Personen angesetzt wird, ist eine Entscheidung, die der Auftraggeber fällt. In diesem Beispiel könnte eine Kombination aus Change Management und Einzel-Coaching der Führungskraft sowie weiterer relevanter Personen zielführend sein. Dies muss im Auftrag deutlich formuliert werden, sodass ein gemeinsames Verständnis entstehen kann. Der Auftrag selbst ist der Belegschaft nicht im Detail zu vermitteln. Es kann auch eine gesichtswahrende Formulierung weitergegeben werden, die jedoch zumindest andeuten sollte, dass an allen wesentlichen Themen gearbeitet wird. Dies hängt eng damit zusammen, wie offenkundig das Problem ist und welche Kommunikation als zielführend eingeschätzt wird.

Während der Besprechung des Auftragskarussells können sich auch *Nebenrollen* als entscheidend erweisen. Diese können sich aus dem Hinterfragen der Entscheidungs- und Machtstrukturen sowie aus den Erkenntnissen ergeben, wer in einer problematischen Situation Unterstützer oder Blockierer, Gewinner oder Verlierer ist. Hier können persönliche Belange entscheidend einspielen, ohne offensichtlich zu sein.

Die problem- und situationsorientierte sowie die über das Auftragskarussell systemische Auftragsklärung dienen jeweils der Präzisierung des Auftragsziels, der Ausgangsbasis und der Rahmenparameter sowie der Festlegung der Beteiligten. Welche Vorgehensweise gewählt wird, hängt davon ab, was am besten zur Situation und zum Auftrag sowie zum Auftraggeber passt. Das Auftragskarussell bedarf voraussichtlich mehr Zeit als die Fragenliste mit den sichtbaren Aspekten, ermöglicht jedoch die frühzeitige Identifikation von Zusammenhängen und Problemfeldern. Nachdem der Auftrag geklärt ist, kann es zur nächsten Stufe gehen: der Analyse der Ausgangsdaten und -situation.

4.1.2 Erhebung und Auswertung von Ausgangsdaten

Oftmals liegen in Unternehmen bereits Studien und Analysen vor, die dazu beigetragen haben, den Weg der Veränderung zu beschreiten. Dies können betriebswirtschaftlich orientierte Benchmark-, SWOT-Analysen (Stärken, Schwächen, Chancen und Risiken) und spezifische Risikoanalysen sein, technisch-prozessuale Arbeits- und Prozessanalysen (Kapitel 4.2.6, Evaluation) sowie unternehmenskulturelle Untersuchungen, Studien und Vergleiche. Immer dann, wenn zur Analyse der Ausgangssituation auch ein Stimmungs- und Situationsbild der Beteiligten einfließen soll, können Informationen über *Beobachtung* oder mündliche und schriftliche *Befragung* von Mitarbeitenden, Kunden, sonstigen Beteiligten und Betroffenen eingeholt werden. Im Zusammenhang mit anstehenden Unternehmensveränderungen ist die Durchführung einer *Mitarbeiterbefragung* ein übliches Verfahren, bei dem methodisch quantitativ, qualitativ oder kombiniert vorgegangen werden kann (Diekmann, 2004).

Quantitative Befragungen sind gut geeignet, wenn etwas Vorhandenes überprüft werden soll. Dies kann über strukturierte Interviews erfolgen, indem ein dafür entwickelter Leitfaden die Formulierungen und Abfolge des Gesprächs exakt vorgibt. Eine Beispielfrage kann lauten: Wie viele Tage im Monat nutzen Sie Ihren Büroarbeitsplatz? Bei schriftlichen Befragungen wird meist mit geschlossenen Fragen oder Skalenfragen agiert, beispielsweise über Multiple-Choice-Fragen mit Antwortvorgaben zur Auswahl. So kann eine Frage lauten: Wie wichtig ist Ihnen auf einer Skala von 1 bis 5 die Möglichkeit eines Präsenzarbeitsplatzes?

Qualitative Befragungen können dazu dienen, Informationen und Ideen zu sammeln, die anschließend ausgewertet sowie interpretiert werden. Dies kann in Form von halbstrukturierten Leitfadeninterviews (Döring & Bortz, 2016; Gläser & Laudel, 2010) erfolgen, die dem Interviewer auch eine Möglichkeit zur Rückfrage geben. Eine Frage könnte lauten: Wie würde Ihr optimaler Arbeitsplatz aussehen?

Generell gilt, dass die Fragen klar sowie eindeutig formuliert sein müssen, denn die Qualität der Fragen zeigt sich in der Reaktion der Befragten. Daher müssen die Fragen empfängergeeignet – bestenfalls unter Verwendung gebräuchlicher Begriffe und Formulierungen im Kommunikationscode des Unternehmens – gestaltet sein. Das kann dazu dienen, dass die Fragen besser aufgenommen und verstanden werden. Die resultierenden Ergebnisse dienen als Grundlage für die Weichenstellung im Change und bieten ein Bild, das von dem des Managements deutlich abweichen kann.

Kompakt

Quantitative Befragungen können dabei helfen, vorhandene Informationen und Themen zu überprüfen. Qualitative Befragungen unterstützen bei der Informationsgewinnung an sich; so können auch neue Aspekte sichtbar werden.

4.1.3 Analyse der Ausgangssituation des Change-Projektes

Für ein adäquates Vorgehen im Change Management sind die konkreten Maßnahmen zielgerichtet auszuwählen, anstatt lediglich einzelne Methoden und Interventionen aneinanderzureihen. Mit einer *strukturierten Analyse der Ausgangssituation* können die Weichen dementsprechend gestellt werden. Dabei wird die in Kapitel 1.1 veranschaulichte Struktur (Abb. 1) erneut aufgegriffen: klassische Ansätze, die in herkömmliche und weiterentwickelte unterteilt sind sowie agile Ansätze. Deren Kombination wird als hybrides Konzept bezeichnet. Um hieraus eine passende Wahl für das Change Management zu treffen, erfolgt eine Situationsanalyse des *Kontextes*, der *Organisationsform*, der *Arbeitsweise* und der *Zielsetzung* einer Veränderungsmaßnahme (Abb. 15). Über diese Vorgehensweise wird gewährleistet, dass das Change-Management-Konzept die Anforderungen der Ausgangssituation und Zielsetzung bestmöglich beantworten kann.

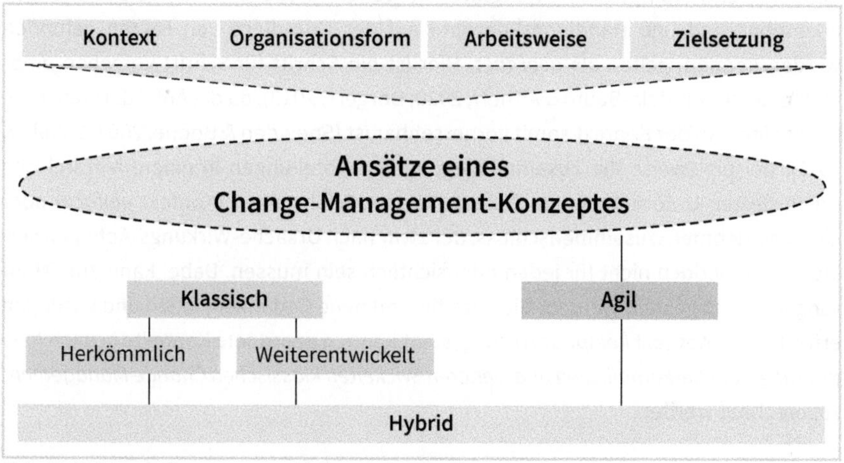

Abb. 15: Weichenstellung zur Auswahl des Ansatzes im Change Management

Kontextanalyse mit dem Cynefin-Modell

Um zu untersuchen, welche Anforderungen sich aus einer konkreten Unternehmenssituation ergeben und welches Vorgehen situationsspezifisch angemessen abgeleitet werden kann, hilft das Cynefin-Modell weiter (Snowden & Boone, 2007; Snowden & Standbridge, 2004). Es liefert Antworten auf die Fragen:

- Welcher Art von Vorgehen im Change Management bedarf die konkrete Situation?
- Ist die geplante Vorgehensweise tatsächlich geeignet für die Ausgangssituation und deren Anforderungen?
- Welche *Ursache-Wirkungs-Beziehungen* gibt es?

Das Cynefin-Modell ist ein umfassendes Analysemodell. Für dessen Verständnis und im Sinne einer sicheren Anwendung ist es notwendig, sich damit intensiv auseinanderzusetzen. Im Cynefin-Modell wird die jeweilige Ausgangssituation mit ihren Gegebenheiten als *Kontext* bezeichnet. Das Modell sieht vier Kontexte vor: *simple* (einfach), *complicated* (kompliziert), *complex* (komplex) oder *chaotic* (chaotisch). Diese Bezeichnungen stehen für die dahinterliegenden *Ursache-Wirkungs-Beziehungen.* Damit ist gemeint, ob in einer bestimmten Situation die Ursache für einen Sachverhalt (auch Problem) direkt ersichtlich ist und ob die resultierende Wirkung klar ableitbar und eindeutig ist. Ein fünfter Kontext wird als *disorder* (Störung, Verwirrung) bezeichnet (Borgert, 2013), steht jedoch nicht im Fokus des Modells, da hier keine Ursache-Wirkungs-Beziehungen erkennbar sind. Das Modell zielt unter anderem auf die Abgrenzung der vier erstgenannten Kontexte ab (Oesterreich & Schröder, 2020), um eine Hilfestellung zur Einordnung einer Ausgangssituation zu geben und auf Basis der Erkenntnisse die Vorgehensweisen im Management beziehungsweise Change Management auswählen zu können.

Einfache und komplizierte Kontexte, in denen Ursache-Wirkungs-Beziehungen erkennbar sind und Handlungskonzepte auf der Grundlage von Fakten gefunden werden können, gelten als *geordnet.* Hier ist ein Schritt-für-Schritt-Vorgehen empfehlenswert (Kaudela-Baum & Altherr, 2020; Borgert, 2013), da die Anforderungen bekannt sind und der Kontext somit vorhersehbar ist (Snowden & Boone, 2007; Scheller, 2017), beispielsweise die Zusammenlegung von Abteilungen in einem hierarchisch organisierten Unternehmen nach Best-Practice-Erfahrungen (Kontext *einfach*) oder ein Unternehmenszusammenschluss, der zwar nach Ursache-Wirkungs-Abfolgen verläuft, diese jedoch nicht für jeden offensichtlich sein müssen. Dabei kann auf Erfahrungswerte abgestellt werden. Gleichzeitig sind neue Gedanken, Ideen und Lösungen erforderlich (Kontext *kompliziert*). Insgesamt können geordnete Kontexte je nach Ausprägung dem *herkömmlichen und weiterentwickelten klassischen Change Management* zugerechnet werden.

Komplexe und chaotische Kontexte werden als *ungeordnet* bezeichnet, da es keine unmittelbar erkennbare Beziehung zwischen Ursache und Wirkung gibt, sondern sie sich durch situationsspezifisch ablaufende Muster und dynamische Wechselwirkungen auszeichnen. So sind im *komplexen* Kontext kreative sowie innovative Managementansätze erforderlich (Snowden & Boone, 2007; Laloux, 2015), die eher im Themenfeld der *Agilität* zu finden sind (Scheller, 2017) – beispielsweise, wenn ein Geschäftsmodell nicht mehr ausreichend funktioniert, weil relevante Märkte sich stark verändern, viele unbekannte Variablen einspielen und daher grundlegend neue sowie innovative Ansätze entwickelt werden müssen. Im *chaotischen* Kontext ist *Krisenmanagement* notwendig (Snowden & Boone, 2007), weil die bisherigen Mechanismen überhaupt nicht mehr funktionieren – beispielsweise in einem zusammenbrechenden oder zusammengebrochenen Markt.

Das Cynefin-Modell ist schematisch in Abbildung 16 dargestellt, in der im Überblick aufgezeigt wird,

- wie in der Kategorie am besten vorgegangen wird (*),
- was unterlassen werden soll (!) und
- was darüber hinaus hilfreich sein kann (·).

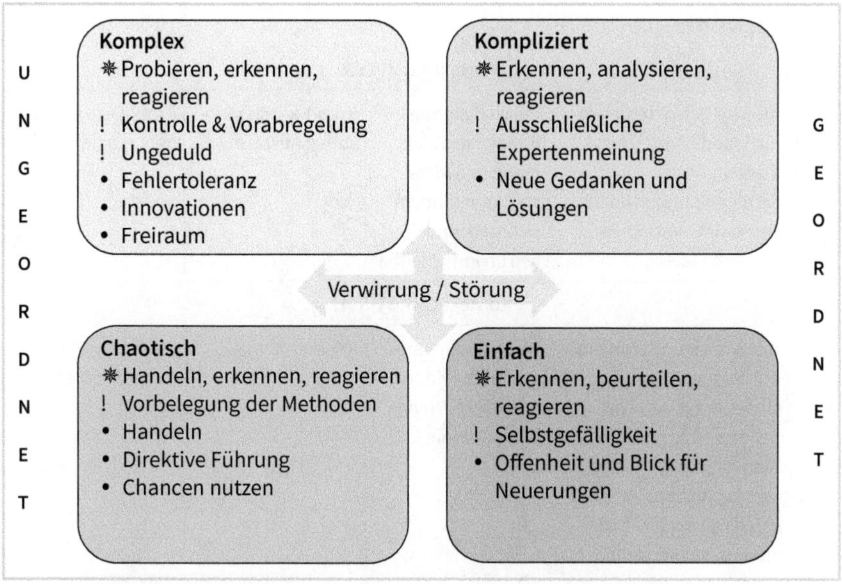

Abb. 16: Cynefin-Modell (in Anlehnung an Snowden & Boone, 2007; Borgert, 2013)

So erfordert jedes Veränderungsvorhaben im jeweiligen Kontext seine eigene Handlungsweise anstatt einer einheitlichen Methode. In Tabelle 2 werden diese Erkenntnisse zusammenfassend aufgezeigt und um Situationsbeispiele, Anforderungen an den Managementansatz sowie das empfohlene systematische Vorgehen ergänzt.

Beschreibung	Beispiel	Anforderung	Vorgehen
Kontext EINFACH			
Evolutionäre Veränderung mit sich wiederholenden Mustern und konsistenten Ereignissen. Eindeutige Ursache-Wirkungs-Beziehungen für alle ersichtlich; die richtige Antwort liegt vor.	Zusammenlegung von Abteilungen innerhalb eines Unternehmens	Faktenbasiertes Management	Erkennen, beurteilen, reagieren

Kontext KOMPLIZIERT			
Evolutionäre Veränderung, die Expertendiagnose und neue Ideen erforderlich macht. Ursache-Wirkungs-Beziehungen aufdeckbar, aber nicht für jeden sofort ersichtlich; mehr als eine richtige Antwort möglich.	Zusammenschluss zweier internationaler Unternehmen mit ähnlichen Geschäftsmodellen	Faktenbasiertes Management und Aufnahme neuer Ideen	Erkennen, analysieren, reagieren
Kontext KOMPLEX			
Revolutionäre Veränderung in Form von Wandel und Unvorhersehbarkeit. Keine richtigen Antworten, da viele unbekannte Variablen, konkurrierende Ideen.	Geschäftsmodell funktioniert nicht mehr; relevante Märkte verändern sich stark und wirken unvorhersehbar	Kreative und innovative Ansätze	Probieren, erkennen, reagieren
Kontext CHAOTISCH			
Revolutionäre Veränderung mit hoher Turbulenz. Keine eindeutigen Ursache-Wirkungs-Beziehungen, daher wenig sinnvoll, nach richtigen Antworten zu suchen; viele Entscheidungen sind zu treffen, Zeit zum Nachdenken fehlt.	Wegfall von Kerngeschäftsfeldern, z. B. durch Covid-19-Pandemie	Krisenmanagement	Handeln, erkennen, reagieren

Tabelle 2: Vier Hauptkontexte des Cynefin-Modells (in Anlehnung an Snowden & Boone, 2007)

4.1.4 Analyse der Organisationsform und Arbeitsweise

Bei den organisationsbezogenen Analyseansätzen kann in Faktoren unterteilt werden, welche die *Organisationsstruktur* sowie die *Arbeitsweise* betreffen. Bezogen auf die *Organisation* sind stabile Strukturen mit Abteilungen und Positionen in einem Organigramm eher hierarchischen Organisationen zuzuordnen und damit klassischen Ansätzen des Change Managements. Agile Organisationen zeichnen sich eher durch projektorientierte Systematiken, crossfunktionale Teams sowie agile Strukturen und Rollen aus. In derartigen Organisationen sind auch vornehmlich agile Methoden zielführend, da sie zur Arbeitsweise und zum Mindset der Beteiligten passen (Tabelle 3). Matrixorganisationen lassen sich erfahrungsgemäß dazwischen einordnen, je nach Ausprägung der Organisationsform und in Bezug darauf, wie diese umgesetzt wird. Daher sind sowohl die Art der Aufbauorganisation (Struktur, Organigramm) als auch die Systematik der Ablauforganisation zu betrachten, das heißt, in welchen Arbeitsprozessen und -abläufen die Arbeit organisiert ist. Und auch die *Arbeitsweise*, insbesondere die Vorgehensweise, wie geplant und geführt wird, nach welchen Werten ein Unternehmen organisiert ist, welche Grundhaltung sich hieraus ergibt und worauf der

Fokus gerichtet ist (Effizienz/Effektivität), hat entscheidenden Einfluss darauf, ob eine Organisation eher nach hierarchischen oder agilen Ansätzen funktioniert oder gegebenenfalls ein Mischmodell darstellt.

Merkmal	**Hierarchische Organisation**	**Agile Organisation**
Organisations-form	Stabile Strukturen, Abteilungen und Positionen im Organigramm	Arbeiten in Projekten, crossfunktionale Teams mit agilen Rollen
Planung	Langfristig, detailliert	Rückkoppelung, laufende Anpassung des Vorgehens
Werte	Stabilität, Ordnung, Sicherheit	Innovation, Offenheit, Mut
Führung	Hierarchie	Geteilte Verantwortung und Führung, Selbstorganisation
Grundhaltung	Kontrolle	Befähigung, Vertrauen, Ermächtigung, Feedback
Organisations-ausrichtung	Effizienz: Wirtschaftlichkeit	Effektivität: Wirksamkeit, Sinn
Geeigneter Ansatz des Change Managements		
Vorgehen	**klassisch** (herkömmlich/weiterentwickelt)	**agil**

Tabelle 3: Vergleich hierarchische und agile Organisation (in Anlehnung an Schmidt & Janzon, 2020)

4.1.5 Analyse der Zielsetzung eines Change-Vorhabens

Auch nach der Art der *Zielsetzung* lassen sich Change-Vorhaben unterscheiden, woraus eine Methodenausrichtung abgeleitet werden kann. Gibt es ein festgelegtes Ziel, beispielsweise den Zusammenschluss zweier Unternehmen, wird ein detaillierter Plan benötigt (Strikker, Kesseler & Strikker, 2014), der den Weg dorthin definiert. Empfehlenswert ist eine Prozessstruktur mit klarer Zielsetzung und strategischen Vorgaben, die im klassischen (herkömmlichen oder weiterentwickelten) Change Management zu finden sind.

Handelt es sich dagegen um ein Problem mit völlig neuen Herausforderungen und steht das Ergebnis noch nicht fest, kann zwar mit einer bekannten Struktur oder Methode gearbeitet werden (Scheller, 2017), die Realisierung ist jedoch besser schrittweise zu gestalten (Hofert, 2019) – dann sind agile Methoden zielführend.

4.1.6 Entscheidungsmatrix der Analysefaktoren

Die Zusammenfassung der einzelnen Faktoren *Kontext*, *Organisationsform*, *Arbeitsweise* und *Zielsetzung* (Kapitel 4.1.2 bis 4.1.5) ergibt die in Tabelle 4 aufgeführte Entscheidungsmatrix, die um die Kontexte *einfach, kompliziert* und *komplex* aus dem Cynefin-Modell erweitert wurde. Die Kontexte *chaotisch* sowie der fünfte Kontext *Störung* bleiben unberücksichtigt, da in diesen ausschließlich situativ vorzugehen ist.

Diese Übersicht kann als Matrix verwendet werden, um zu analysieren, welcher Ansatz des Change Managements in einer konkreten Situation passend sein kann. Sie wird daher auch im Beispielfall in Kapitel 5 angewendet. Diese Matrix gibt unter anderem erste Antworten auf die Fragen, wie agil ein Unternehmen bereits ist, welche Offenheit für agiles Vorgehen besteht und ob die geplante Veränderung überhaupt für Agilität geeignet ist. So klingen Aussagen wie »Wir sind total agil« zwar zunächst sehr verlockend, aber ob dies Wunschdenken, lediglich Modewort oder Realität ist, zeigt die genauere Betrachtung.

Merkmal	**Herkömmliches Change Management**	**Weiterentwickeltes Change Management**	**Agiles Change Management**
Ausgangssituation			
Kontext	Einfach	Kompliziert	Komplex
Organisationsform			
Aufbau- und Ablauforganisation	Stabile Strukturen, Abteilungen und Positionen im Organigramm	Kombination aus stabilen Strukturen und Arbeiten in Projekten; oftmals auch Matrixorganisation	Arbeiten in Projekten, crossfunktionale Teams mit agilen Rollen
Arbeitsweise			
Planung	Langfristige, detaillierte Planung	Kurz- bis mittelfristige Planung	Rückkoppelung, laufende Anpassung des Vorgehens
Werte	Stabilität, Ordnung, Sicherheit	Kombination	Innovation, Offenheit, Mut
Führung	Hierarchie	Kombination	Geteilte Führung/ Verantwortung, Selbstorganisation
Grundhaltung	Eher Kontrolle	Kombination	Eher Befähigung, Vertrauen, Ermächtigung, Feedback
Zielsetzung			
	vorhanden	**vorhanden**	**offen**

Tabelle 4: Entscheidungsmatrix zur Analyse der Ausgangssituation im Change (in Anlehnung an Schmidt & Janzon, 2020; Snowden & Boone, 2007)

4.2 Planungsphase

Nach der vorbereitenden Analysephase schließt sich die Planungsphase an, in der die Change Architektur erstellt wird. Je nach in der Analysephase definiertem Ansatz kommen Formate aus dem herkömmlichen und weiterentwickelten klassischen oder agilen Change Management zum Tragen. Zunächst wird auf die notwendige Zeitschiene im Change Management eingegangen. Danach werden für die inhaltliche Planung Modelle vorgestellt, die den drei Ansätzen – herkömmliches, weiterentwickeltes oder agiles Change Management – zugeordnet werden können. Sie dienen als exemplarische Modelle und sind keinesfalls als ausschließlich geeignetes Vorgehen innerhalb der drei Ansätze zu verstehen. Auch können die Übergänge in der Praxis fließend sein, je nach konkreter Umsetzung eines Modells, beispielsweise die Kombination eines herkömmlichen Modells ergänzt um agile Elemente (Kapitel 5).

Im Folgenden werden dargestellt:

- herkömmliches Change Management: **Phasenmodelle** mit klar strukturiertem Ablauf als Rahmen,
- weiterentwickeltes Change Management: Modelle zur **Einbindung der Beteiligten** durch die Arbeit in Großgruppen,
- agiles Change Management: Methoden und Techniken zur **schrittweisen Entwicklung** von Lösungen.

4.2.1 Zeitplanung im Change Management

Für die Planung des Change Managements ist die Frage zu beantworten, welche Zeitdauer eine Veränderung, eine Transformation, ein Wandel in Anspruch nehmen wird und darf. Doch wie gelangt man zur optimalen zeitlichen Gestaltung? Auf der einen Seite gibt es eine Vorstellung des Auftraggebers oder bestimmte Termine, bis wann eine Veränderung umgesetzt sein muss. Erfahrungsgemäß sind Terminvorstellungen eines Auftraggebers zeitlich kürzer gefasst, also straffer, als sie von den Change-Experten oder Change-Beratern eingeschätzt werden. Bei börsennotierten Unternehmen ist dies meist von Publikationsterminen abhängig (beispielsweise Quartalsberichte). Bei einem Generationenwechsel ist es die geplante Zeitschiene für eine Stabübergabe, die aus unterschiedlichen Gründen auch überraschend früher als geplant erfolgen kann. Sind vorliegende Termine als obligatorisch anzusehen, richtet sich die Planung im Change Management danach aus. Sofern die Change-Experten eine gegebenenfalls deutlich längere Zeitschiene empfehlen, kann in Abschnitten vorgegangen werden, sodass zum gewünschten Termin zumindest definierte Zwischenziele erreicht sind. Sollte dies nicht mit den Unternehmenszielen und Vorstellungen des Auftraggebers vereinbar sein, muss das Change Management auf die vorhandene Zeitschiene angepasst und vom Change-Experten definiert werden, was in der vorgegebenen

Zeit möglich ist, wo Gefahren bestehen und was die optimale zeitliche Empfehlung wäre. Eine klare Kommunikation und Einschätzung dient einem realistischen Erwartungsmanagement, der Klarheit in der Evaluation sowie der Reputation des Change-Experten beziehungsweise des Change-Beraters. Wie in Kapitel 4.1.1 im Rahmen der Auftragsklärung behandelt, obliegt es letztendlich dem externen Change-Berater, einen Auftrag anzunehmen oder abzulehnen. Beim internen Change-Experten fehlt dieser Handlungsspielraum meist.

Gibt es keine zeitliche Vorgabe, sondern soll stattdessen ein Vorschlag erarbeitet werden, ist die notwendige Zeit abhängig von der Ausgangssituation, den Beteiligten, wie verhärtet die Situation tatsächlich ist sowie von der Zielsetzung. Auch spielt in die zeitliche Planung mit ein, ob es sich um eine tiefgreifende Transformation mit großen Veränderungen und Einschnitten handelt, die viele Emotionen sowie Widerstand vermuten lassen und daher den Zeitbedarf erhöhen oder ob die Auswirkungen eher moderat eingeschätzt werden und ein rascheres Voranschreiten möglich ist.

Gerade die weichen Faktoren, die mitentscheidend sind, ob ein Change-Vorhaben von Erfolg gekrönt sein wird, können viel Zeit benötigen, da im Voraus – auch bei noch so gründlicher Analyse – nicht vollumfänglich erkennbar ist, was sich unter der sichtbaren Oberfläche (Kapitel 1.3, Eisberg-Modell) verbirgt. Oftmals ist ein Kulturwandel damit verbunden, der die Veränderung von Gewohnheiten, des Denkens und Verhaltens notwendig macht und somit Geduld erfordert. Dagegen ist eine Veränderung der Aufbau- und Ablauforganisation – wie die Veränderung der Unternehmensstruktur und der entsprechenden Prozesse – deutlich rascher umsetzbar.

Immer aber hängen die Zeitplanung und das Konzept im Change Management eng zusammen. Je nach Art, Anzahl und Umfang der Interventionen einer Change Architektur wird der Zeitplan abgeleitet. Dass man nicht auf alles Einfluss haben kann und somit die Planung bei unvorhergesehenen Ereignissen und Gegebenheiten eventuell angepasst werden muss, verdeutlichen aktuelle einschneidende, weltwirtschaftliche Entwicklungen und Krisen, deren Verlauf und Ende noch nicht absehbar sind. Unvorhersehbare Ereignisse können einen tiefgreifenden, schnellen gesellschaftlichen und unternehmerischen Wandel auslösen. Wie nachhaltig und umfassend dieser sein wird, ist voraussichtlich erst rückblickend festzustellen. In einer älteren Analyse wurde die notwendige Zeitschiene für eine Veränderung der Unternehmensstruktur (Aufbau- und Ablauforganisation) und deren komplette Umsetzung auf drei Jahre, für einen kulturellen Wandel dagegen auf fünf bis zehn Jahre eingeschätzt (Ganz & Graf, 2007). Vor dem Hintergrund einer zunehmenden Geschwindigkeit in Gesellschaft und Wirtschaft sowie eines ansteigenden Ergebnisdrucks kann von einer mehr oder weniger Halbierung der tolerierten Zeitschienen ausgegangen werden. Daher kann ein Change-Experte mit der Erwartungshaltung konfrontiert werden, dass eine Veränderung der Unternehmensstruktur in eineinhalb Jahren und ein kultureller Wandel in drei bis fünf Jahren vollzogen sein muss. Wie viel Zeitaufwand eine konkrete, zu verändernde Unternehmenssituation tatsächlich erfordert, ist immer von den einspielenden Faktoren (Kapitel 4.1.3, Ausgangssituation) abhängig.

4.2.2 Inhaltliche Planung des Change Managements

Bei der Entwicklung eines Change-Konzeptes ist neben der Frage der vorhandenen Zeitschiene zu betrachten, wie die Change Architektur und das entsprechende Interventionsdesign gestaltet werden können. All das basiert auf folgenden, vorab ermittelten Informationen:

- Auftragsklärung (Kapitel 4.1.1),
- Analyse der Ausgangssituation (Kapitel 4.1.2, 4.1.3),
- Organisationsform und Arbeitsweise (Kapitel 4.1.4) und
- Zielsetzung des Change-Vorhabens (Kapitel 4.1.5).

Nach dieser Analyse steht fest, ob herkömmliches, weiterentwickeltes oder agiles Change Management oder eine Kombination als hybrides Change-Konzept zum Tragen kommen soll. So ist die Grundlage für die Weichenstellung im Change Management geschaffen und die Auswahl der Interventionen kann beginnen. Sie fließen in das Change-Konzept, genauer gesagt in die Change Architektur sowie das entsprechende Interventionsdesign (Kapitel 3.4), ein.

Für diese Konzepterstellung werden exemplarisch je Ansatz Modelle und Interventionen vorgestellt: in Kapitel 4.2.3 für den herkömmlichen Ansatz im Change Management, in Kapitel 4.2.4 für weiterentwickeltes und in Kapitel 4.2.5 für agiles Change Management sowie in Kapitel 5 ein Umsetzungsbeispiel eines hybriden Change-Management-Konzepts.

Diese vorbereitende Planung kann auch als Herzstück des Change Managements bezeichnet werden, denn es bildet die Basis für alle fortfolgenden Aktivitäten. Später können zwar immer noch Anpassungen erfolgen, aber Sinn und Zweck von Planung ist es, vorausschauend zu gestalten und den Fahrplan festzulegen. Dabei geht es auch um Verlässlichkeit sowie Verbindlichkeit gegenüber den Beteiligten. Vertrauen in den Prozess und den Verlauf sind dabei grundlegend wichtig und können Sicherheit vermitteln. Wer als Change-Experte, Change-Berater oder Führungskraft vor der Herausforderung steht, eine Belegschaft souverän durch eine anspruchsvolle Veränderungssituation zu führen und zu erreichen, dass sich die Einzelnen aktiv beteiligen, wird es einfacher haben, wenn der Überblick zum Gesamtvorhaben gewährleistet ist und vorgestellt werden kann. Auch im agilen Kontext, im Rahmen dessen gezielt schrittweise vorgegangen wird, muss es einen Plan mit Meilensteinen, Zielsetzung und Zeithorizont geben.

Kompakt

Bei der Planung und der Erstellung des Change-Management-Konzeptes gilt zu berücksichtigen, dass die ausgewählten Maßnahmen zu den vorliegenden Gegebenheiten (Ausgangssituation, Organisationsform, Arbeitsweise) passen und der Erreichung der Zielsetzung dienen müssen.

4.2.3 Herkömmliches Change Management – Phasenmodelle als Rahmen

Phasenmodelle kommen im Change Management optimalerweise dann zur Anwendung, wenn die Zielsetzung einer Veränderungsmaßnahme bereits definiert ist, die Arbeitsweise auf vorgegebenen Prozessen beruht oder die Organisationsstruktur zumindest in Teilen hierarchisch organisiert ist. Für eine hohe Erfolgswahrscheinlichkeit ist dann die Strukturierung von Veränderungsprozessen in Phasen, Etappen oder Stufen zielführend (Poppelreuter, 2012). Dabei kann es hilfreich sein, auf Erfahrungswerte zum bereits erfolgten Einsatz von Phasenmodellen zurückzugreifen. Diesbezüglich werden in vergleichender Literatur häufig das Acht-Stufen-Modell von Kotter (2011) und das Drei-Phasen-Modell von Lewin (1947) genannt. Sie zählen sicherlich zu den bekanntesten Modellen für die Umsetzung von Veränderungen in Unternehmen. Um dies auch vor wissenschaftlichem Hintergrund zu überprüfen und zu hinterfragen, ob es weitere Modelle gibt, die eine entsprechend weitgehende Bekanntheit haben, wurden vorbereitend zu diesem Buch in einer quantitativen Analyse 14 geeignete internationale wissenschaftliche Publikationen überprüft, die sich mit insgesamt 35 Phasenmodellen befassen. Als Voraussetzung mussten mindestens zwei Modelle verglichen werden, kein Modell durfte vom Verfasser selbst stammen und mindestens ein klassisches Change-Modell musste enthalten sein. Im Ergebnis beinhalten 11 der ausgewerteten Studien das Drei-Phasen-Modell von Lewin und 13 Studien das Acht-Stufen-Modell von Kotter. Bei allen weiteren Modellen war keine deutliche quantitative Tendenz zu verzeichnen. Das heißt, aus den Studien konnte kein weiteres Modell mit ähnlichem Bekanntheitsgrad abgeleitet werden, was nicht bedeutet, dass es keine weiteren geeigneten Modelle gibt, die in Phasen, Etappen oder Stufen ablaufen. Allerdings mangelt es oftmals am wissenschaftlichen Beleg, beispielsweise der neutralen Auswertung zu Eignung und erzielten Ergebnissen. Häufig stammt verfasste Literatur von den Modellentwicklern selbst, was ebenfalls nicht ausschließt, dass die Modelle geeignet sein können, aber die objektive Vergleichbarkeit muss kritisch infrage gestellt werden. Des Weiteren kommt hinzu, dass je älter und etablierter Modelle sind, desto wahrscheinlicher ist es auch, dass hierzu bereits publiziert wurde – was jedoch wiederum nicht impliziert, dass jüngere Modelle weniger zielführend sind.

Aufgrund der Auswertungsergebnisse der Analyse und des Umstands, dass das Drei-Phasen-Modell von Lewin sowie das Acht-Stufen-Modell von Kotter (2011) miteinander im Zusammenhang stehen, werden sie für den weiteren Verlauf als exemplarische

Phasenmodelle gewählt und erläutert. Ergänzend wird beispielhaft ein neuerer Ansatz vorgestellt, der ebenfalls in Phasen abläuft: das Pipeline-Modell nach Schmidt.

Drei-Phasen-Modell nach Kurt Lewin

In dem von Lewin (1947) entwickelten Drei-Phasen-Modell der Veränderung wird unterstellt, dass soziale Veränderungen in gesellschaftlichen Gruppen und somit auch in Organisationen in drei Phasen ablaufen:

- auftauen (*unfreeze*) – Vorbereitung, erste Information an die Betroffenen,
- ändern (*move/change*) – Durchführung der Veränderung sowie
- wieder einfrieren (*refreeze*) – Verankern des Veränderten.

Dabei ging Lewin davon aus, dass es bei einem Wandel vorantreibende Kräfte (*driving forces*) und auch Kräfte gibt, die ihn verhindern (*restraining forces*). Im besten Fall sind die Kräfte ausgeglichen. Soll jedoch eine Neuerung erfolgen, müssen die vorantreibenden Kräfte verstärkt und die verhindernden reduziert werden. Beim Kippen der Kräfteverhältnisse in Richtung vorantreibend spricht man auch von einem Phasenübergang, der eine wichtige Voraussetzung für die erfolgreiche Realisierung einer Veränderungsmaßnahme darstellt, denn dadurch ist die Tür für eine Veränderung geöffnet. Ist dies gegeben, muss zur Umsetzung einer Veränderung der bestehende Gleichgewichtszustand zunächst aufgetaut werden, um in einer zweiten Phase verändert und in der dritten Phase neu fixiert werden zu können (Greif, Runde & Seeberg, 2004).

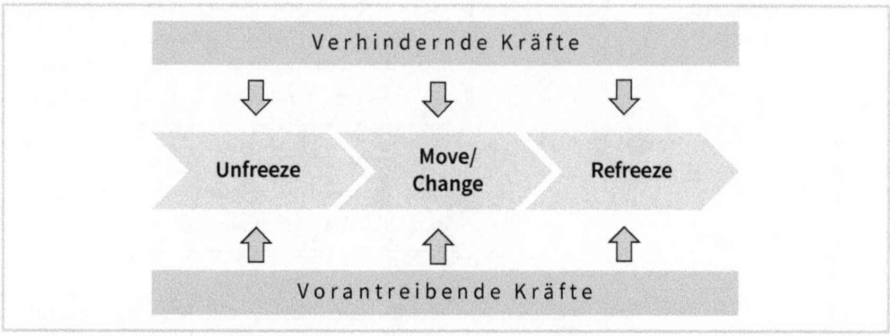

Abb. 17: Drei-Phasen-Modell von Lewin (in Anlehnung an Lewin, 1947; Greif, Runde & Seeberg, 2004)

Lewins Modell ist eine bis heute angewandte grundlegende Struktur, um Veränderungsprozesse in Organisationen zu verstehen. Viele der Veränderungsmodelle, die in Phasen, Etappen oder Stufen ablaufen, basieren auch darauf (Müller-Stewens & Lechner, 2016). Ausgegangen wird vom Gleichgewichtszustand als Normalfall. Ein Veränderungsprozess stellt lediglich eine vorübergehende Irritation dar, für die als Lösung eine neue Perspektive geschaffen wird. Die gegenwärtige Praxis zeigt jedoch, dass diese Statik heute kaum mehr zutreffend ist, sondern Veränderungen beispielsweise aufgrund der Herausforderungen, die VUKA (Kapitel 1.2) verbunden mit einer Arbeitsverdichtung und einer Verknappung von zeitlichen und personellen Ressourcen mit sich bringt, parallel, ineinandergreifend und zeitgleich oder zeitversetzt ablaufen.

Acht-Stufen-Modell von John P. Kotter

Das Acht-Stufen-Modell von Kotter baut auf Lewins Drei-Phasen-Modell auf (Kotter, 2011). Es wurde erstmalig 1995 im Harvard Business Manager veröffentlicht und zählt zu den bekanntesten Modellen des Unternehmenswandels (Mento, Jones & Dirndorfer, 2002). In Abbildung 18 wird das Acht-Stufen-Modell in einem Überblick veranschaulicht sowie der Zusammenhang zu Lewins Modell aufgezeigt und anschließend erläutert. Kotter bietet mit dem Modell einen Ablaufplan und setzt voraus, dass die Stufen aufeinanderfolgend und vollständig durchlaufen werden (Kotter, 2011). Mit diesem Vorgehen soll die Möglichkeit geschaffen werden, vorhandene Trägheitsquellen strukturiert, sukzessive und vollständig zu überwinden. Dafür werden mit den Stufen 1 bis 4 verhärtete Ausgangssituationen aufgelöst (*unfreeze*) und in den Stufen 5 bis 7 die Veränderung umgesetzt (*move/change*), um letztendlich in Stufe 8 langfristig in der Unternehmenskultur verankert zu werden (*refreeze*).

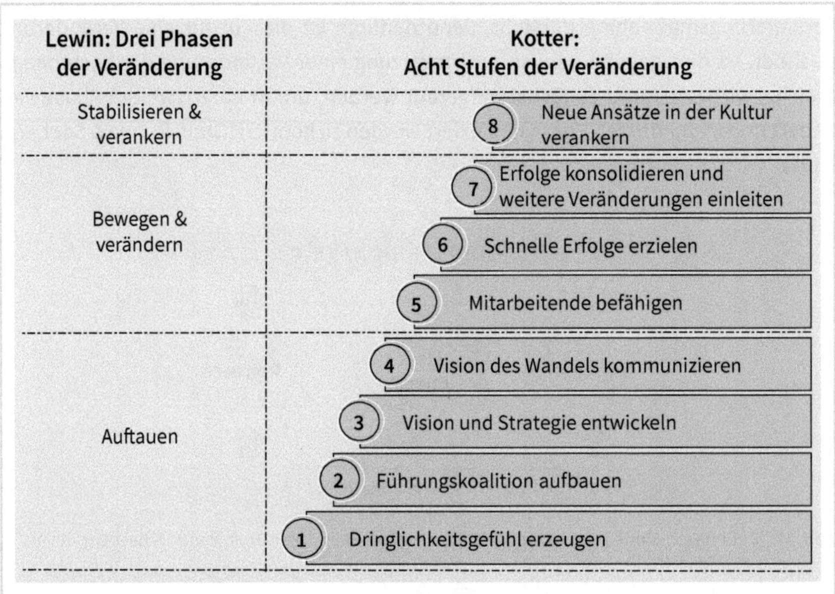

Abb. 18: Vergleich acht Stufen nach Kotter und drei Phasen nach Lewin (in Anlehnung an Kotter, 2011; Starker & Peschke, 2017)

Im Folgenden werden die einzelnen Stufen (Kotter, 2011; Gupta, 2011; Appelbaum, Habashy, Malo & Shafiq, 2012) näher betrachtet.

- **Stufe 1 – Dringlichkeitsgefühl erzeugen.** Das Problembewusstsein für den Veränderungsbedarf soll durch ein Dringlichkeits- und Notwendigkeitsgefühl geweckt werden, welches die Basis für die Kooperationsbereitschaft innerhalb der

Belegschaft bildet. Da Akteure in erfolgreichen Unternehmen oftmals zu ausgeprägter Selbstgefälligkeit, zu Verharmlosung sowie zu Schönrederei neigen und gute Gründe finden, sich nicht verändern zu müssen, ist hier unbedingt gründlich anzusetzen. Dafür kann auf sachlicher Ebene externes Berichtsmaterial in Form von Diagnoseberichten unternehmensunabhängiger, neutraler Organisationen oder Institutionen hilfreich sein. Auf persönlicher Ebene geht es um das Aufzeigen von individuellem Nutzen und ebensolchen Vorteilen für die Beteiligten, damit bei ihnen ein Verständnis und eine eigene Notwendigkeit sowie Dringlichkeit entstehen können. Als Beispiel dient eine geplante Optimierung in der Systematik der Firmenkundenbetreuung eines Bankinstitutes, in dem ein Wechsel von fachbezogenem Vorgehen hin zur ganzheitlichen Beratung vollzogen wird. Bisher haben Fachspezialisten die Kunden mit ihrer Fachexpertise betreut, ohne zu wissen, was insgesamt aktuell in der Kundenverbindung gut oder weniger gut verläuft, welche weiteren Aktivitäten bestehen oder ob ein Kunde zufrieden oder unzufrieden ist. Aufgrund von Beschwerden und ersten Kündigungen langjähriger Kunden werden eine ganzheitliche Betrachtung sowie eine umfassende Informationsbasis für die Kundenberatung und den Kundenservice notwendig. Daher wird ein neues, IT-basiertes Customer-Relationship-System (CRM-System) eingeführt, in welchem alle Gespräche, Themen und Ergebnisse mit Kunden dokumentiert werden. Diese Informationen sind für alle Ansprechpartner, die mit dem Kunden arbeiten, zugänglich. Im selben Zuge möchte das Bankinstitut diese Veränderung nutzen, um die Unternehmenskultur deutlich in Richtung Selbstverantwortung und Erfolgsorientierung der Mitarbeitenden zu transformieren. Dies bedeutet eine Veränderung von Denk-, Sicht- und Verhaltensweisen, um die neuen Anforderungen (Selbstverantwortung und Erfolgsorientierung) erfüllen zu können. Erfolgen diese Schritte nicht, befürchtet das Bankhaus weitere signifikante Umsatzeinbrüche, Kundenkündigungen und dadurch die Reduzierung des Personalbudgets bis hin zu betriebsbedingten Entlassungen. Hierfür wird von den Mitarbeitenden voraussichtlich nur dann Verständnis und Akzeptanz aufgebracht, wenn die Notwendigkeit sowie die Dringlichkeit (Steigerung der Ertragskraft der Bank und dadurch Erhaltung von Arbeitsplätzen) auch in den möglichen persönlichen Konsequenzen verstanden werden.

- **Stufe 2 – Führungskoalition aufbauen.** Um einen tiefgreifenden Veränderungsprozess herbeiführen zu können, bedarf es einer Change-Führungskoalition, mit welcher der Wandel initiiert werden kann. Dafür sind Personen notwendig, die ein Gleichgewicht zwischen Leadern und Managern darstellen, sowie Personen, die über ausreichende Reputation im Unternehmen verfügen, um die notwendige Glaubwürdigkeit bei der Belegschaft zu erreichen. Die Führungskoalition innerhalb des Acht-Stufen-Modells ist nahezu gleichzusetzen mit der in Abbildung 13 dargestellten Steuerungsgruppe. Um das Beispiel des Bankhauses fortzuführen, müssen für die Umstellung des Kundenbetreuungsmodells sowie zur Planung und Gestaltung der kulturellen Transformation und des damit verbundenen Change-

Prozesses Personen in die Führungskoalition aufgenommen werden, die dafür geeignet erscheinen, diesen Wandel bestmöglich zu begleiten und voranzubringen.

- **Stufe 3 – Vision und Strategie entwickeln.** Eine klare Vision sowie eine zukunftsfähige Strategie zu entwickeln, ist die erste Aufgabe einer Führungskoalition (im Gegensatz dazu siehe Kapitel 4.2.4, partizipative Großgruppenformate). Dies kann bildlich als Porträt der Zukunft beschrieben werden. Es muss logisch, verständlich und überzeugend sowie realisierbar wirken und sein. Im Beispiel muss allen klar sein, welche Vision das Bankinstitut verfolgt (»führende Firmenkundenbank für mittelständische Unternehmen«) und mit welcher Strategie diese erreicht werden soll (»ganzheitlicher Betreuungsansatz mit den daraus resultierenden konkreten Aktivitäten«).
- **Stufe 4 – Vision des Wandels kommunizieren.** Die Kraft einer Vision ist dann am stärksten, wenn – bestenfalls – die meisten der vom Veränderungsprozess betroffenen Personen ein gemeinsames Verständnis von ihr haben. Ein solches wird entscheidend über die Kommunikation vermittelt, wobei darauf zu achten ist, transparent und klar zu kommunizieren und die richtigen Botschaften zu senden. Dabei soll die Vision die Beteiligten motivieren, sich gemeinsam für die Veränderung einzusetzen. Voraussetzung dafür ist unter anderem eine Identifikation der Belegschaft mit dem angestrebten Zukunftsbild. Im Beispiel des Bankhauses kann die Geschäftsleitung durch klare Kommunikation aufzeigen, was sie unter der Vision versteht und die Beteiligten dafür gewinnen sowie die Kommunikation darüber hinaus durch ihr authentisches Handeln unterstützen.
- **Stufe 5 – Mitarbeitende befähigen.** Mitarbeitende zu befähigen, bedeutet, ihnen zuzuhören und in ihre persönliche, methodische und fachliche Weiterentwicklung zu investieren. Darüber hinaus bedarf es der Beseitigung struktureller und arbeitsbezogener Hindernisse sowie der Anpassung aller Gegebenheiten zur Umsetzung der Unternehmensvision. Sollen im genannten Beispiel Kunden zukünftig ganzheitlich betreut werden, müssen allen Beteiligten sämtliche Informationen zum Kunden direkt zugänglich sein und die Akteure müssen persönlich befähigt sein, selbstverantwortlich und erfolgsorientiert agieren zu können. Dies kann unter anderem über die Einführung des CRM-Systems und dessen Anwenderschulung erfolgen. Es muss verfügbar und einfach zu bedienen sein sowie alle relevanten Daten und Informationen zu Kunden beinhalten, sodass eine leicht verständliche Dokumentation erfolgter Aktivitäten gewährleistet ist. So können im Firmenkundenteam der Bank sowohl der Anlagespezialist als auch der Kreditanalyst nachvollziehen, ob nationaler und internationaler Zahlungsverkehr reibungslos ablaufen beziehungsweise ob es diesbezüglich Rückfragen oder Beschwerden gibt. Des Weiteren gilt es Kompetenzen zu entwickeln, sofern Defizite erkannt werden. Dies können weitere Anwenderkenntnisse für das CRM-System sein, aber vor allem auch Teamarbeit, Kommunikationskompetenz, Selbstverantwortung und Zielorientierung. Sind diese Grundvoraussetzungen geschaffen, sind Mitarbeitende befähigt, ihren Arbeitsbeitrag reibungslos einzubringen. Dadurch können Widerstände im Change leichter reduziert oder sogar vermieden werden.

- **Stufe 6 – schnelle Erfolge erzielen.** Ein schneller und für die Belegschaft sichtbarer Erfolg zeichnet sich dadurch aus, dass er von möglichst allen Betroffenen wahrgenommen wird. Dies lässt sich nach dem Verständnis von Phasenmodellen am besten erreichen, indem große Veränderungsprozesse strukturiert sowie in kleinere Einheiten und Aktivitäten eingeteilt werden. Schnelle erste Teilerfolge einer Veränderung können in mehrerlei Hinsicht unterstützen: Sie dienen als Beweis dafür, dass sich gewisse Opfer lohnen und lösen einen Motivationseffekt aus. Im Beispiel des Bankhauses können dies die unkomplizierte Einführung des CRM-Systems, die Schulung der Mitarbeitenden sowie deren Feedback sein.
- **Stufe 7 – Erfolge konsolidieren und weitere Veränderungen einleiten.** Grundlegende Veränderungen lassen sich nicht von heute auf morgen realisieren und benötigen vor allem in Großunternehmen häufig einen längeren Zeitraum. Und auch kurz vor Erreichen der Ziellinie kann der Veränderungsprozess noch ins Stocken geraten. Daher soll die Energie, die durch kurzfristige Erfolge entsteht, ebenso dazu genutzt werden, um weitere Probleme direkt anzugehen und dabei vom Schwung des Veränderungserfolgs zu profitieren. Im Beispiel kann die Verkündung eines Erfolges (ein strategisch wichtiger Firmenkunde sieht von einer Kündigung ab, da die bisherigen Veränderungen im Betreuungsmodell bereits zu ersten Verbesserungen geführt haben) und des entsprechenden Update-Berichtes an die Mitarbeitenden dazu genutzt werden, auch weitere oder neu entstandene Problem- und Handlungsfelder aufzuzeigen. Beispielsweise muss das CRM-System noch um bestimmte Informationen ausgebaut und Daten müssen von den Mitarbeitenden manuell eingetragen werden, damit die notwendige Informationsbasis gewährleistet ist. Kundengespräche müssen von den Mitarbeitenden im CRM-System konsequent dokumentiert werden. Die Selbstverantwortung sowie die Erfolgsorientierung der Mitarbeitenden und das entsprechende Mindset müssen weiterentwickelt werden.
- **Stufe 8 – neue Ansätze in der Kultur verankern.** Die vorherrschenden Handlungsweisen formen eine Unternehmenskultur. Sie ist somit das Ergebnis von gemeinsamen Werten, dem Verhalten und Denken der Beteiligten. Der kulturelle Aspekt ist im Modell verstärkt in Stufe 8 verortet, muss jedoch bereits zu Beginn eines Veränderungsprojektes berücksichtigt werden – denn je besser eine Kultur verstanden und in das Change Management integriert wird, das heißt die Change-Maßnahmen entsprechend ausgewählt werden und die Kommunikation adäquat gestaltet wird, desto einfacher lassen sich die vorhergehenden Stufen durchschreiten. Im Beispiel der Bank kann der Angst der Mitarbeitenden, durch das CRM-System gläsern zu sein, adäquat begegnet werden, indem erläutert wird, weshalb das System eingeführt und wie damit in der Anwendung und der Datenauswertung umgegangen wird (Stufe 1) und welche Vision sowie Strategie dahinterstecken (Stufen 3 und 4). Darüber hinaus ist es nötig, permanent die Erfolge abzuleiten, um die Energie für weiteres Vorangehen zu nutzen und den kulturellen Rahmen von Selbstverantwortung und Ergebnisorientierung zu stärken (Stufen 6 und 7) sowie auch weiterhin konsequent zu integrieren.

Beim Acht-Stufen-Modell von Kotter (2011) wird sichtbar, dass die Mitarbeitenden in Stufe 2 in die Change-Führungskoalition eingebunden werden können sowie in Stufe 5 befähigt werden, die grundlegende Partizipation sich jedoch nicht auf die komplette Belegschaft bezieht. Um deutlich mehr und frühzeitigeren Einbezug der Beteiligten, Interaktion und Flexibilität im Veränderungsprozess zu ermöglichen, hat Kotter (2015) eine Weiterentwicklung des Modells vorgenommen und die sogenannten *Acht Beschleuniger* (*Eight Accelerators*) entwickelt. Die Acht Beschleuniger werden als *paralleles Betriebssystem* mit dem Acht-Stufen-Modell kombiniert. Insbesondere soll auf diesem Weg durch Einbindung möglichst vieler Mitarbeitenden eine Veränderung schneller umgesetzt werden können und eine Organisation beweglicher gemacht werden. Dafür bedarf es einer Organisationsstruktur, die die Sicherheit sowie die Wirksamkeit von vorhandenen Organisationen nutzt und mit agilen Ansätzen und netzwerkartigen Strukturen verbindet, um ähnlich wie Start-ups beweglich sowie kreativ sein zu können.

Die acht Beschleuniger sind in der Bezeichnung teilweise deckungsgleich mit den acht Stufen, können jedoch gleichzeitig oder je nach Bedarf eingesetzt werden. So gibt es auf der einen Seite den strukturierten und klaren Aufbau durch das Acht-Stufen-Modell und auf der anderen Seite die acht Beschleuniger, die je nach Bedarf zum Einsatz kommen können. Die acht Beschleuniger lauten (Kotter, 2015):

- Dringlichkeitsgefühl schaffen,
- Führungskoalition aufbauen,
- strategische Vision und Initiativen kommunizieren,
- Freiwillige mobilisieren,
- Barrieren abbauen,
- kurzfristige Erfolge erzielen,
- kontinuierlich Gas geben,
- Wandel etablieren.

Da es keine vorgegebene Reihenfolge der Beschleuniger gibt, stellt Kotter sie in einem Kreismodell dar. Die Ergänzung um die Beschleuniger hat aus seiner Sicht den Vorteil, dass dies auf dem Prinzip der *Einbindung vieler Mitarbeitenden* basiert und dadurch breite Akzeptanz sowie ein schneller Prozess erreicht werden können. Des Weiteren sieht er eine *Haltung des Wollens anstatt des Müssens* als Grundlage (Kotter, 2015). Dabei sei erwähnt, dass dies unabhängig vom Modell die grundlegende Zielsetzung von Change-Bemühungen darstellt. Entscheidend ist, wie dies bestmöglich erreicht werden kann.

Durch die Kombination beider Seiten wird das Modell deutlich umfangreicher und komplexer als das klar strukturierte Acht-Stufen-Modell. Beides zusammen ist noch kaum mit Studien und Anwendungsberichten belegt. Es kann zum Eindruck führen, dass eine Change-Projektplanung dadurch unübersichtlich wird und es Überlappungen gibt, beispielsweise Dringlichkeit, Führungskoalition, Erfolge erzielen, Integrieren. Des Weiteren setzt es voraus, dass Mitarbeitende sich einbringen wollen. Die Praxis zeigt jedoch, dass eine Geschäftsleitung, Führungskräfte und ebenso ein Change-Experte wohl akzeptieren müssen, dass es immer auch Personen im Unternehmen gibt, die sich weder einbringen noch karriereseitig weiterentwickeln möchten, sondern einfach nur ihren Job machen und die vertraglich vereinbarte Arbeitszeit und -leistung erbringen wollen beziehungsweise können.

Pipeline-Modell

Das Pipeline-Modell der Veränderung basiert auf den Arbeiten von Mary Dee Hicks und David B. Peterson. Sie haben vor dem Hintergrund von Coaching fünf Bedingungen für persönliche Entwicklung von Menschen in Bezug auf Lernprozesse in Unternehmen untersucht (Hicks & Peterson, 1999a+b; Peterson, 2007). Daraus ist das Modell Development Pipeline entstanden, welches Silvester Schmidt 2008 unter der Bezeichnung *Pipeline-Modell* auf die Organisationsentwicklung übertragen und angepasst hat (Schmidt, 2020). Das Pipeline-Modell stellt – ebenso wie das Stufenmodell von Kotter – eine Grobarchitektur im Change Management dar. Darüber hinaus kann es zur Reflexion der Sichtweisen der Beteiligten genutzt werden, indem die Ebene der Person besonders berücksichtigt wird.

Im Sinne einer Modellanwendung sind die fünf Bedingungen (Abb. 19), ausgehend vom Veränderungsbedarf, hin zur Veränderung umzusetzen: *Erkenntnis*, *Motivation*,

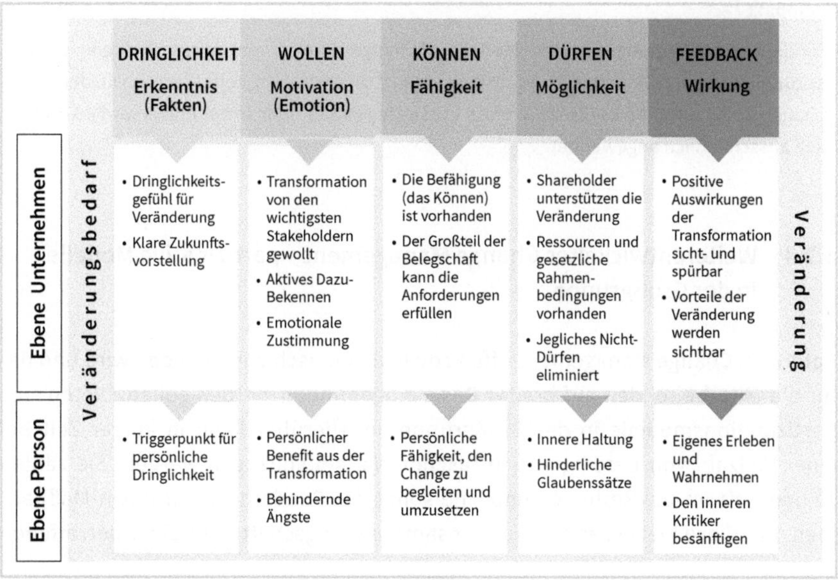

Abb. 19: Pipeline-Modell (in Anlehnung an Schmidt, 2020)

Fähigkeit, Möglichkeit, Wirkung sind dafür notwendig. Das letztendlich Umsetzbare wird davon bestimmt, wie die einzelnen Themen (in Abb. 19 von links nach rechts) durchfließen können, analog einem *Flaschenhalsprinzip*. Erfahrungsgemäß sind die ersten Elemente *Dringlichkeit* und *Wollen* die größten Herausforderungen und bilden die Analogie zum vorgestellten Modell von Kotter. Ein neuer Aspekt ist das *Dürfen*. Es beinhaltet die sachlichen Gegebenheiten, aber auch die innere Erlaubnis der Beteiligten. Lautet die Antwort der Beteiligten auf die Fragestellung, ob eine Veränderung auch tatsächlich erlaubt, legitim, ethisch akzeptabel ist, nicht uneingeschränkt Ja, gibt es Bedarf zur Nacharbeit. Hier gilt es die persönlichen Hindernisse und Ängste zu lösen und damit auf die Bedürfnisse der Beteiligten einzugehen. Für die Praxis bedeutet es, dass die Veränderungskommunikation hierauf abgestimmt sein muss, um die Beteiligten im positiven Sinne an ihren persönlichen Triggerpunkten abzuholen. Gegebenenfalls bestehen auch gedankliche oder emotionale Hindernisse, die mit dem Change nur sekundär in Verbindung stehen. Sie müssen gelöst und beantwortet werden, sodass die Beteiligten ihre Energie positiv im Sinne der anstehenden Veränderung einbringen können und ein tatsächliches Commitment zum Change entstehen kann. Sollen beispielsweise flachere Hierarchien sowie agile Arbeitsweisen eingeführt werden, könnten Ängste in Bezug auf Status- und Machtverlust im Raum stehen, denn agile Denk- und Arbeitsweisen beinhalten den flexiblen Wechsel in andere Rollen und Aufgaben. Ist hier nicht geklärt, welche Konsequenzen die Veränderung – kollektiv, aber auch für den Einzelnen – hat und welche Lösungsmöglichkeiten vorhanden sind, ist der Fluss der Veränderung beeinträchtigt oder sogar blockiert.

Kompakt

Für die Anwendung eines (Phasen-)Modells im Change Management ist entscheidend, dass es zur Ausgangssituation passt und situativ ergänzt werden kann, sodass innerhalb der Change Architektur die konkrete Struktur entstehen kann – denn in der Praxis wird kein Modell ausschließlich angewendet.

4.2.4 Weiterentwickeltes Change Management – partizipative Modelle in der Großgruppe

Sofern im Change Management offen sowie dynamisch vorgegangen wird und dafür die Mitarbeitenden auf breiter Basis eingebunden werden sollen, bieten sich Partizipationsmodelle in der Großgruppe an. Hierüber kann in kurzer Zeit bei einer Vielzahl von Beteiligten ein rascher Wandel vollzogen werden. Sie zählen zu den Bottom-up-Methoden und sind somit das Pendant zu Top-down-Maßnahmen. Auf diese Weise kann mit der gesamten Belegschaft oder einer betroffenen

Gruppe eine Veränderung gemeinsam geplant und entwickelt werden und es können auch bereits vorhandene Visionen und Strategien überprüft werden, um sie gegebenenfalls anzupassen sowie deren Akzeptanz zu unterstützen. Doch nicht ausschließlich die Belegschaft, sondern auch Kunden sowie Lieferanten können eingebunden werden. Dynamik und Geschwindigkeit entstehen dabei durch das zeitgleiche Informieren und gemeinsame Arbeiten an Themen mit direkten Feedbackmöglichkeiten und dem Treffen von Entscheidungen. Dabei ist es wichtig, ein Format in der Großgruppe eng zu begleiten und zielführend zu moderieren, damit aus ihm nicht lediglich ein kommunikatives Zusammentreffen wird. Infolgedessen ist die Rahmengebung durch interne und externe Change-Experten sowie vor allem durch das Management und die weiteren Führungskräfte entscheidend (Seliger, 2020). Je nach Ausgestaltung zählen Formate in der Großgruppe zu den weiterentwickelten Methoden des klassischen Change Managements oder zum agilen Change Management.

Exemplarisch werden zwei Modelle im Großgruppenformat vorgestellt:

- die *RTSC-Konferenz, Real Time Strategic Change Conference* (Dannemiller, 1988; Jacobs, 1994) sowie
- die *Zukunftskonferenz, Future Search Conference* (Weisbord, 1992; Weisbord & Janoff, 2008).

Beide beinhalten zur Behebung eines unternehmensseitigen aktuellen Defizits als Lösungsansatz zunächst eine Identifikation der Belegschaft mit der Vision (sofern vorhanden) und den Zielsetzungen des Unternehmens. Um einen eindrücklichen Effekt zu bewirken, werden diese mit lebhaften Bildern visualisiert. Mit der darauf aufbauenden gemeinsamen Planung werden Akzeptanz, Bereitschaft, Freude und Begeisterung für die anstehenden Veränderungen geschaffen. Die Teilnahme an den Großgruppenformaten erfolgt daher im besten Fall vollzählig, jedoch immer freiwillig. Dies ermöglicht die höchste Bereitschaft seitens der Mitarbeitenden, nicht nur dabei zu sein, sondern aktiv etwas beizutragen und zu bewegen. So sind alle Beteiligten während der gesamten Zeit eingebunden, um im Ergebnis gemeinsam konkrete Schritte zu vereinbaren. Dies erfolgt über einen Wechsel von Kleingruppenarbeit und Vorstellung der Ergebnisse in der Großgruppe. Die Konferenzen können beispielsweise auf zwei bis drei Tage angelegt sein (Bonsen & Bauer, 2008; Bonsen, 2009) und in Präsenz, gegebenenfalls auch virtuell oder in Kombination, stattfinden.

Vision, Strategie und Emotion als Grundlage für die Integration

In beiden Formaten ist die *Vision* grundlegend wichtig. Sie ist das langfristige Ziel oder der angestrebte Zielzustand und soll Leidenschaft und Begeisterung vermitteln. Sie spiegelt häufig auch den Geist des Gründers wider und zeigt auf, wofür das Unternehmen steht. Dagegen stellt eine Strategie den konkretisierten Weg und die Vorgehensweise, wie die Vision erreicht werden soll, dar.

In der Großgruppenveranstaltung wird der Vision sowie den resultierenden Strategien durch visuelles, auditives und emotionales Erleben spürbare Bedeutung gegeben (O'Conner & Seymor, 2013). So kann das gemeinsam Erlebte bei allen Teilnehmenden in lebhaften, emotionalen Bildern abgespeichert werden, an die man sich gerne zurückerinnert und von denen die Beteiligten auch im Alltag getragen werden. Es wird beispielsweise ein gemeinsam entwickeltes Modell der Zusammenarbeit, um sich zukünftig gegenseitig besser zu unterstützen und erfolgreicher zu sein, mit der Umgebung des Events, einer innovativen Location und bemerkenswerten Details verknüpft. Das Management beziehungsweise die Führungskräfte sollten daher auch emotionale und authentische Worte verwenden, um den Raum zu öffnen und die Teilnehmenden zu ermutigen, sich vollkommen darauf einzulassen sowie diesbezüglich als Vorbilder vorangehen. Verstärkt werden kann eine solche Konferenz insgesamt – sofern passend – durch Unterlegung mit Musik an geeigneten Stellen, beispielsweise in den Pausen, die für eine Stimmung des Aufbruchs und der Energie sorgen kann. All das kann als visueller, emotionaler oder akustischer Anker dazu dienen, dass die Teilnehmenden auch im Nachgang, sobald sie Bilder sehen, an die vorgestellten Beispiele, den roten Faden und Gegebenheiten aus der Location erinnert werden oder, wenn sie die verwendete Musik hören, Assoziationen zur gemeinsamen Konferenz erleben. Dadurch können die gesammelten Erkenntnisse und das entstandene Wir-Gefühl immer wieder abgerufen werden. Die konkrete Gestaltung und Umsetzung müssen, um authentisch zu sein und zu wirken, immer zu den Beteiligten und zum Unternehmen passen. Die besprochenen Inhalte werden im Nachgang wieder aufgegriffen, begleitet und vor allem umgesetzt. Dadurch stellt sich der langfristige Effekt einer Großgruppenveranstaltung ein.

So werden nach einer Großgruppenveranstaltung die erarbeiteten Ergebnisse im Rhythmus des Unternehmens gepflegt und aufrechterhalten, indem Sequenzen von Ereignissen geschaffen werden, welche die diesbezügliche Energie immer wieder ins Erleben bringen, beispielsweise durch regelmäßige Auffrischungen in unterschiedlichen persönlichen, virtuellen oder hybriden Zusammentreffen (Bonsen, 1995, 2009), jeweils ergänzt um die gesetzten visuellen, emotionalen oder akustischen Anker und das entstandene Wir-Gefühl. Werden diese Nacharbeit und das Immer-wieder-Aufgreifen nicht umgesetzt oder sind die Ergebnisse einer Großgruppenkonferenz lediglich leere Worthülsen, werden die erzielten Erkenntnisse nach kurzer Zeit verblassen und die Motivation sowie die Energie aufgrund von Enttäuschung voraussichtlich auf einen tieferen Punkt als vor der Veranstaltung sinken – denn das Vorgehen ist, wie bereits angeklungen, davon geleitet, dass durch die Mitwirkung der Belegschaft eine emotionale Verbindung zum Entwickelten entsteht und die Grundlage geschaffen wird, es langfristig integrieren zu können.

Real Time Strategic Change (RTSC)

Sind bereits eine *Vision* und eine *Strategie* vorhanden, kann mit der *RTSC-Konferenz* (Dannemiller, 1988; Jacobs, 1994) der entsprechende Change unterstützt werden. Mit ihr können viele Beteiligte gleichzeitig und in kurzer Zeit eingebunden und für Visionen, Zusammenarbeit, neue Sichtweisen und Ansätze sowie Kooperationen gewonnen werden. Zudem können die entsprechenden konkreten Maßnahmen direkt aus der Mitte der Belegschaft entwickelt werden. Die RTSC-Konferenz steht übersetzt für strategischen Wandel in Echtzeit (Real Time Strategic Change), beispielsweise zur Strategieentwicklung, als Anstoß zur Veränderung der Unternehmenskultur oder für die Ausarbeitung des Vorgehens zur Einführung eines neuen Modells für die Kundenbetreuung.

Kompakt

Eine RTSC-Konferenz basiert auf der Energie, der Kreativität und dem Wissen einer Belegschaft, die getragen von einem Gemeinschaftsgefühl verantwortungsvoll und motiviert an der Ausgestaltung und Umsetzung des zukünftigen strategischen Fahrplans arbeitet. Dabei entsteht Wandel direkt und in den Köpfen der Beteiligten in Echtzeit.

Für die Umsetzung gibt es kein starres Programm. Sie ist erneut von der Ausgangssituation, der Unternehmenskultur und den Bedürfnissen des Unternehmens abhängig. Dennoch gibt es eine dreistufige Grundstruktur zum Ablauf einer RTSC-Konferenz: Aufrütteln, Identifikation, Maßnahmen. Teilweise wird sie auch feingliedriger aufgebaut und die Inhalte hinter den drei Bezeichnungen werden als weitere Schritte aufgezeigt. Wichtiger als die konkrete Darstellung ist allerdings die Berücksichtigung aller relevanten Inhalte, die Umsetzung und die Ergebnisentwicklung. Was der Gestaltung der Zielsetzung dient, soll aufgenommen werden. Eine mögliche Durchführungsstruktur kann folgendermaßen aussehen:

1. **Aufrütteln**: verschiedene Blickwinkel betrachten, über die bisherigen Erfahrungswerte ein möglichst umfassendes Bild gewinnen, externe Trends und Ist-Situation des Unternehmens reflektieren;
2. **Identifikation mit den Zielen**: gegenseitige Erwartungshaltung der Beteiligten in Bezug auf die Ziele zum bestimmten Thema festhalten und gegenseitiges Verständnis sowie Konsens entwickeln, um eine gemeinsame Identifikation mit dem Thema entstehen zu lassen;
3. **Maßnahmen**: Planung konkreter nächster Schritte und entsprechender Maßnahmen.

Innerhalb einer RTSC-Konferenz kann auch das Management in seiner hierarchischen Funktion eingebunden werden, beispielsweise, wenn eine vom Management und den Führungskräften entwickelte Idee bereits beschlossen wurde und nun Strategien zur Umsetzung entwickelt werden sollen. Dann ist es sinnvoll, dass das Gremium, welches die Idee gestaltet beziehungsweise entschieden hat, diese vorstellt und sie die

Grundlage für die in der Konferenz zu entwickelnden Strategien bildet. Im Rahmen anderer Großgruppenformate, beispielsweise Zukunftskonferenz, World-Café oder Open Space, wäre dies nicht der Fall. Hier wird keine Idee vorgegeben, sondern in der Veranstaltung durch die Beteiligten entwickelt.

Zukunftskonferenz

Sollen auf Basis der Unternehmensvision Ideen und Strategien *völlig neu entwickelt werden*, kann dies über eine *Zukunftskonferenz* (Weisbord, 1992; Weisbord, Weisbord & Janoff, 2000; Weisbord & Janoff, 2008) erfolgen. Innerhalb dieser werden gemeinsame Zukunftsbilder und Veränderungsstrategien entworfen. Je nachdem, wie viel Entwicklungsfreiheit und offene Kommunikation in dieser Konferenz gegeben sind, kann das Format in das klassisch weiterentwickelte Change Management oder agil eingeordnet werden. Wird offen kommuniziert, werden erste Ansätze entwickelt, Entscheidungen dazu direkt getroffen, im Anschluss umgesetzt – gegebenenfalls mit Testen und Ableiten von Erfahrungen – und dürfen die Teilnehmenden die Umsetzungsverantwortlichen zum Beispiel selbst wählen, entspricht dies dem agilen Verständnis und bedeutet eine weitgehende Einbindung und Mitbestimmung der Beteiligten. Dies kann entscheidend zur Identifikation mit den Themen beitragen.

Eine Zukunftskonferenz kann in sechs Schritten ablaufen:

1. Betrachtung der **Vergangenheit** – bisherige Entwicklung, Meilensteine, Würdigung und Verabschiedung
2. Bewertung der **Gegenwart außen** – Ist-Situation
   - externe Entwicklungen und Trends
   - daraus folgende Konsequenzen
3. Bewertung der **Gegenwart innen** – Ist-Situation
   - Was lief im Unternehmen besonders gut? Worauf ist man stolz?
   - Was soll beibehalten werden?
   - Wovon wird man sich verabschieden?
4. **Zukunftsvision** entwickeln
   - Was soll erreicht werden?
   - Gemeinsame Ziele und Wünsche
5. **Konsens** finden
   - auf Basis von Gemeinsamkeiten einen Konsens entwickeln
6. **Strategien** planen (Voraussetzung: Konsens wurde gefunden)
   - Welche Maßnahmen sollen konkret ergriffen werden?
   - Was sind schnelle und was sind langfristige Erfolge?
   - Was hat hohe oder eher niedrige Bedeutung beziehungsweise was ist leicht oder schwer zu erreichen?

Als Ergebnis stehen eine oder mehrere Strategien fest, die dazu dienen, die Unternehmensvision zu verwirklichen oder den Weg, auf dem sie erreicht werden sollen, zu ändern.

Auch hier wird das gesamte System eingebunden, allerdings nicht zwingend nur bezogen auf das Unternehmen, sondern auch unter möglicher Einbindung von Externen wie Kunden und Lieferanten. Alle Beteiligten sollen dabei ihr Erfahrungswissen und ihre Sichtweisen einbringen. Dabei gilt es den Fokus auf die Lösung und nicht auf die Probleme zu richten. Unterschiede sowie Hürden können jedoch dafür genutzt werden, kreative Lösungen zu finden. Alle Ideen haben gleichwertige Gültigkeit und es wird sich gegenseitig zugehört. Inhaltlich sollen letztendlich Gemeinsamkeiten ausfindig gemacht und es soll ein Konsens erzielt werden. Da es sich um eine Arbeitskonferenz handelt, deren Resultate die Basis für die weitere Entwicklung darstellen, müssen die Ergebnisse festgehalten werden. Für den organisatorisch reibungslosen Ablauf einer Konferenz ist vor dem Hintergrund vieler Beteiligten von allen auch die Zeitplanung einzuhalten. Für die umfangreichen Inhalte einer Zukunftskonferenz können drei Tage eingeplant werden, oftmals ein ganzer Arbeitstag sowie der erste und der dritte als jeweils halber Tag.

Zusammenfassung Großgruppenformate

Beide Formate – die RTSC-Konferenz und die Zukunftskonferenz – basieren auf der Mitwirkung der Beteiligten, wodurch Akzeptanz sowie Identifikation entstehen können. Die exemplarisch vorgestellten Verläufe müssen an die konkreten Gegebenheiten und Anforderungen der individuellen Ausgangssituation eines Unternehmens angepasst werden.

Die Großgruppenformate haben gemeinsam, dass sie als Rahmen für die Einbringung kreativer Ideen der Beteiligten dienen. Über ihre Mitwirkung, unter anderem in Diskussionen und durch Feedback, soll den Beteiligten ermöglicht werden, sich mit den anstehenden Veränderungen anzufreunden und identifizieren zu können. Für Bewegung sorgen beispielsweise ein Wechsel von Arbeiten in der Klein- und Großgruppe, das Arbeiten an Achtertischen sowie ein Wechsel der personellen Zusammensetzung von Arbeitsgruppen. Darüber hinaus soll es den Beteiligten Spaß machen und die Motivation wecken, auch weiterhin eigene Ideen einzubringen. Dadurch kann eine Haltung des Verantwortungsbewusstseins sowie der Zugehörigkeit entstehen und Begeisterung für die Umsetzung und das Unternehmen an sich geweckt werden. Auch eine positive Weiterentwicklung des kulturellen Wandels kann durch die Erlebnisse sowie durch die Integration der Ergebnisse einer Konferenz unterstützt werden.

Kompakt

Mit der Strategiekonferenz Real Time Strategic Change können eine neue oder bereits definierte Vision sowie die Strategie(n) überprüft, angepasst und angenommen werden. Mit der Zukunftskonferenz können neue Ideen und Strategien sowie ein neues Zukunftsbild aus der Mitte der Belegschaft entwickelt werden. Dieses Format beginnt daher ergebnisoffen.

4.2.5 Agiles Change Management – Methoden, Techniken und Ansätze

Einen zunehmend wichtigen Aspekt im Change Management nimmt Agilität ein. Sie steht für Flexibilität, rasche Anpassungsfähigkeit und Wendigkeit. Das Vorgehen ist iterativ sowie inkrementell, was bedeutet, sich schrittweise einer Lösung anzunähern und Lösungsansätze wiederholend sowie aufeinander aufbauend zu entwickeln. Dieses Vorgehen ist in Branchen, Organisationen oder Teilbereichen vorzufinden, in denen im Laufe einer Prozess- oder Produktentwicklung optimiert und aus Fehlern gelernt werden soll. Dabei werden Zwischenergebnisse in kurzen zeitlichen Abständen im Dialog mit den Beteiligten (Auftraggeber, Stakeholder, Entwicklerteam) getestet sowie auf Basis des Feedbacks Fehler rechtzeitig aufgespürt und eliminiert, anstatt mit einem komplett fertiggestellten Resultat einen Roll-out zu vollziehen. So können Defizite schneller erkannt und behoben sowie Inhalte und Anforderungen Schritt für Schritt optimiert werden. Dieses Prinzip von *Trial and Error* setzt bei der Zielgruppe, die oftmals Kunden oder Auftraggeber, Betroffene oder Beteiligte sind, die Akzeptanz für ein solches Vorgehen und die Bereitschaft zum Mitwirken bei der Entwicklung durch Testen und Feedback voraus. Da auch sie ihre wertvolle Zeit investieren, muss im Vorfeld vereinbart werden, ob dieses Vorgehen gewünscht ist und welchen Aufwand und Grad an Mitwirkung es beinhalten soll. Die sich aus einem solchen Entwicklungsprozess ergebenden neuen Aufgaben- und Fragestellungen beeinflussen das Vorankommen und den Zeitplan. Auch dies gilt es mit den Beteiligten im Vorfeld sowie kontinuierlich zu besprechen. Auf Basis der vorhergehenden Ergebnisse und Entscheidungen ergeben sich der weitere Fortgang sowie der konkrete zeitliche Verlauf.

Die Wurzeln für Agilität liegen in unterschiedlichen Bereichen. Heute wird dafür oftmals die Softwareentwicklung genannt. Agiles Vorgehen hat jedoch schon weit in der Vergangenheit auch in anderen Branchen stattgefunden. Dennoch wird als Grundlage für Agilität oftmals das 2001 entwickelte *agile Manifest* (*Manifesto for Agile Software Development*) angeführt. Hierbei handelt es sich um einen Konsens von 17 Praktikern aus verschiedenen Softwareentwicklungsrichtungen. Im Rahmen des agilen Manifests haben sie zwölf Prinzipien der agilen Softwareentwicklung definiert (Beck et al., 2001), die auch heute branchenunabhängig als Grundlage für agiles Arbeiten verstanden werden.

So kommen unabhängig von der Branche in neueren Organisationsformen oder beispielsweise Netzwerkorganisationen agile Methoden immer öfter zur Anwendung, da sie häufig gut zu deren Denk- und Arbeitsweise passen. Zwei exemplarische Anlässe, für die der Einsatz agiler Methoden geeignet sein kann, seien im Folgenden genannt:

- In einem internationalen Konzern soll ein neues Dokumenten-Management-System durch Zusammenarbeit der weltweiten IT-Einheiten entwickelt werden.
- In einer Netzwerkorganisation soll die Strategie für die Einführung und den Vertrieb einer neuen Produktlinie erarbeitet werden.

Agilität hat sich insgesamt aus einer Kombination von Werten und Prinzipien, Praktiken, Methoden und Prozessen entwickelt (Scheller, 2017). Für diese ergebnisoffene Herangehensweise und den Einbezug der Beteiligten zwecks gemeinsamer Problemlösung bedarf es professioneller methodischer Kenntnisse, aber auch der Kompetenz selbstverantwortlichen Handelns. Zudem sind ein stabiler Rahmen, klare Strukturen und Regeln nötig, damit die angewendeten agilen Methoden bestmöglich sowie mit einem gemeinsamen Verständnis genutzt werden können. In Situationen hingegen, in denen Fehler nicht vertretbar wären, ist agiles Vorgehen nicht geeignet, wie in der Weiterentwicklung von medizinischen Behandlungsmethoden, beim Umbau einer Produktionshalle oder dem Bau einer Autobahnbrücke.

Agile Methoden sind also nicht neu, jedoch in den letzten Jahren vermehrt in den (Sprach-)Gebrauch gekommen – oftmals allerdings ohne notwendige Klarheit über deren konkrete Ausgestaltung. Gerade im Change Management wird das Bild aufgeworfen, dass das, was agil ist beziehungsweise als solches bezeichnet wird, besonders modern und zukunftsfähig zu sein scheint. Das ist es in der Praxis aber oftmals nicht, denn sofern die Wissensgrundlagen zu Verhalten und Arbeitsweise nicht ausreichend vorhanden sind, kann dies rasch im Chaos enden.

Wer also wirklich agil arbeiten möchte, muss vorab seine Hausaufgaben machen, sodass Methoden wie Scrum, Design Thinking oder Kanban als Arbeits- und Vorgehensweise im Change Management sinnvoll zum Einsatz kommen können. Formate wie die beschriebene Zukunftskonferenz können ebenfalls einem agilen Vorgehen entsprechen, ebenso alle Methoden, bei denen ergebnisoffen begonnen wird und eine Gruppe sich den Inhalt und die Veränderungsschritte zur Ergebniserzielung selbst erarbeitet. Dabei ist der Aspekt *ergebnisoffen* bei einer Entwicklung einer neuen Software (Inhalt, Funktionen, Aufbau etc.) sicherlich ein deutlich anderer als ein Kreativprozess zur Definition neuer Geschäftsstrategien (neue Zielgruppen, Produkte, Dienstleistungen).

Insgesamt gilt für eine Einordnung und Verwendung des Begriffes *Agilität*, dass es sich um einen Oberbegriff für eine bestimmte Art des methodischen Vorgehens handelt, um Dynamik- sowie Komplexitätsanforderungen mit Anpassungs- und Reaktionsfähigkeit zu begegnen (Oesterreich & Schröder, 2020). Im Hinblick auf anstehende Veränderungen bedeutet dies, dass Wissen und Klarheit hierüber die Auswahl der geeigneten Ansätze, Modelle und Interventionen des Change Managements deutlich erleichtern. Diese grundlegend wichtige Weichenstellung in der Methodenwahl wurde in Kapitel 4.1.3 betrachtet.

Mit dem Modell der Zukunftskonferenz wurde bereits aufgezeigt, wie die Ansätze von agilem Vorgehen integriert werden können, ohne dass überhaupt von Agilität die Rede sein muss. In der Praxis wird ein unternehmensseitiger Einstieg in die Agilität allerdings oftmals lediglich mit einzelnen agilen Methoden, Ansätzen und Techniken vollzogen. Weit verbreitet sind:

- **Design Thinking** kann genutzt werden, um komplexe Fragestellung auf kreative Weise iterativ zu lösen. Dabei steht immer der Nutzer (der Kunde) im Vordergrund. Es gibt wenig Regeln, jedoch drei entscheidende Aspekte: interdisziplinäre Teams, variablen Raum und Prozess. Letzterer wiederum setzt sich aus sechs iterativen Arbeitsschritten zusammen – Verstehen, Beobachten, Sichtweisen-Definieren, Ideen-Finden, Prototypen-Entwickeln, Testen. Dabei nimmt Brainstorming einen wichtigen Stellenwert ein. Die Zielsetzung von Design Thinking ist es, Innovationen zu generieren, die im Nachgang oftmals auch mit der agilen Methode Scrum umgesetzt werden.
- **Scrum** ist eine Arbeitsmethode, um im Team schnell und flexibel in Projekten agieren und reagieren zu können. Ein Team arbeitet dabei in kurzen, terminierten Etappen, den sogenannten Sprints. Scrum wird durch drei Elemente charakterisiert: Rollen, Artefakte und Sprints.
  - Als *Rollen* sind Product Owner, Development Team und Scrum Master vorgesehen. Einen Vorgesetzten gibt es nicht.
  - Unter *Artefakte* sind dokumentierte Absprachen zu verstehen, die aufzeigen, welche Anforderungen an das Projekt bestehen, zum Beispiel als Product Backlog in Form einer Liste der Anforderungen und ein Product Increment als funktionsfähiges Zwischenprodukt am Ende eines Sprints. Ein Sprint Backlog beinhaltet die Aufgaben, die das Team als Nächstes erledigen muss.
  - Ein *Sprint* ist ein zeitlich begrenztes Teilprojekt mit einem bestimmten Ergebnis und einem festgelegten Zeitraum. Je nach Projektorganisation dauert ein Sprint zwischen ein bis vier Wochen und endet mit einem Sprint Review Meeting, in dem die erzielten Ergebnisse reflektiert werden. Alle Sprints haben in der Regel dieselbe Dauer. Ein Gesamtprojekt setzt sich aus einer Vielzahl von Einzelsprints zusammen.

    Jeder Tag beginnt mit einem Daily Stand-up Meeting von maximal 15 Minuten. In diesem Rahmen werden die Aktivitäten der nächsten 24 Stunden aufeinander abgestimmt und geplant sowie Probleme und Hindernisse besprochen. Probleme, die sich nicht in dieser Zeit lösen lassen, übernimmt der Scrum Master. Wie gut die Zusammenarbeit innerhalb eines Sprints im Team funktioniert hat, wird in der Sprint Retrospektive besprochen und Verbesserungen für den nächsten Sprint aufgenommen.
- Auch **Kanban** ist eine Unterstützung in der agilen Vorgehensweise. Es ist eine vereinfachte Projektmanagement-Methode, welche zur Prozesssteuerung genutzt wird. Dabei wird auf einem Board (Abb. 20) eine Visualisierung von etappenweisen Arbeitsabläufen vorgenommen. Der Grundaufbau besteht (mindestens) aus drei Spalten: *angefragt/zu tun*, *in Arbeit* und *erledigt*. Die erste Spalte *Kategorie* in der

Abbildung ist bereits eine mögliche Ergänzung und soll zeigen, dass die Board-Gestaltung einer gewissen Flexibilität unterliegt. Das Board wird digital oder analog mit Post-its dargestellt, die den Status verdeutlichen und mit (sehr kurzen) Hinweisen versehen werden können. Wichtig ist, dass die Informationen für alle Beteiligten jederzeit zugänglich und ersichtlich sind. Kanban ist nicht nur für die Beteiligten, sondern auch für Außenstehende eine gute Quelle, um sich einen schnellen Überblick über Stand und Fortschritt zu verschaffen.

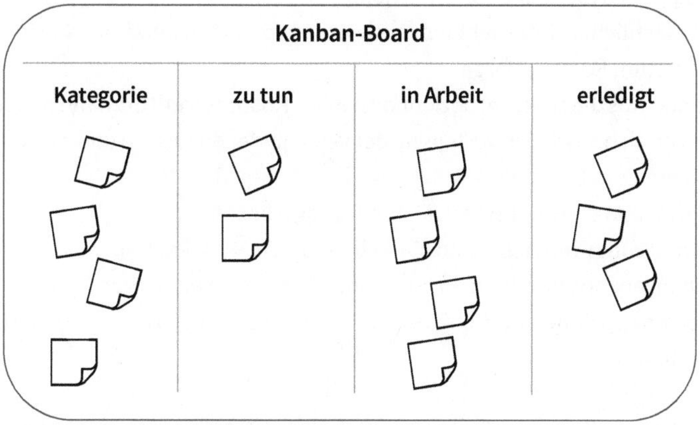

Abb. 20: Kanban-Board

Einzelne Sequenzen aus den genannten und weiteren agilen Methoden werden oftmals auch isoliert angewendet, ohne deren Herkunft zu kennen. Hier sind Formate wie Brainstorming, Daily-Stand-up-Meeting und Retrospektive als geläufig zu nennen. In diesem Zusammenhang soll nochmals verdeutlicht werden, dass die Vorgehensweise immer der Zielsetzung folgt.

Kompakt

Der Grundgedanke von Agilität ist keine isolierte Einführung von Methoden, Techniken und Ansätzen, sondern eine umfassende sowie grundlegende Veränderung der Denk- und Arbeitsweise. Die Methoden sind lediglich Mittel zum Zweck im Sinne der Zielerreichung.

4.2.6 Erfolg von Veränderungen messen

Wie man Erfolg im Change Management misst, ist unter anderem von der gewählten Methode abhängig. Die Evaluationsmethode muss zur Vorgehensweise im Change Management passen und die relevanten Kriterien messbar machen. Grundlegend bilden die Auftragsklärung, die Change Architektur, das Interventionsdesign sowie der Projektplan (sofern vorhanden) die Basis der Evaluation. Eine Evaluation kann quantitativ und qualitativ erfolgen.

Unter einer *quantitativen Evaluation* sind eine zahlenbasierte Erfassung und Auswertung betriebswirtschaftlicher Daten zu verstehen, beispielsweise Umsatzzahlen, Kosten, Mitarbeiterzahlen, Standorte etc., die mit folgenden Analysen – und im laufenden Abgleich – ausgewertet werden können:

- Eine **Gap-Analyse** dient zur Ermittlung der Lücke (Differenz) zwischen geplanter und tatsächlicher Unternehmensentwicklung bzw. den einzelnen Positionen Umsatz, Gewinn, Kosten, Marge.
- Mit einer **Kostenanalyse** beziehungsweise **Kostenstrukturanalyse** werden die Kosten an sich sowie die Verteilung der verschiedenen Kosten und Kostengruppen analysiert, zum Beispiel:
  - Herstellung: Produktions-, Material-, Lagerkosten,
  - Umsetzung: Vertriebs- und Marketingkosten, Reisekosten,
  - Finanzen: Abschreibungen, Steuern, Zinsen, Aufwendungen,
  - Personal: Löhne und Gehälter, betriebliche Sozialleistungen, Weiterbildungskosten.

Zur Messung *qualitativer Kriterien* kann eine **SWOT-Analyse** wichtige Erkenntnisse liefern, die vor und nach einem Change-Vorhaben vergleichend betrachtet werden kann – selbstverständlich auch während des Change-Prozesses. Ihre Aussagekraft ist jedoch grundsätzlich eher längerfristig. Mit einer SWOT-Analyse werden in einer Matrix vier Felder analysiert und entsprechende Informationen dargestellt: Stärken (**S**trengths), Schwächen (**W**eaknesses), Chancen (**O**pportunities) und Risiken (**T**hreats). Sie dient als Analysegrundlage zur Bestandsaufnahme und um Strategien (weiter) zu entwickeln oder zu verändern sowie einen langfristigen Unternehmenserfolg zu erzielen (Abb. 21).

Stärken	**Schwächen**
Was zeichnet das Unternehmen aus und macht es erfolgreich?	Wo gibt es Defizite und Verbesserungsnotwendigkeit?
Chancen	**Risiken**
Welche Wachstumschancen gibt es?	Welche Gefahren bestehen?

Abb. 21: SWOT-Analyse

Weitere qualitative Kriterien wie kulturelle Integration, Kunden- und Mitarbeiterzufriedenheit oder auf Produkt- und Serviceseite der Qualitäts- und Professionalisierungsgrad können anhand von Umfragen oder Interviews ermittelt werden (Kapitel 4.1.2, Befragung). Auch interne und externe Audits oder externe Ratingprozesse und Zertifizierungen können sinnvoll sein. Je nach Zielsetzung einer Veränderungsmaßnahme werden die Messkriterien festgelegt. Dabei ist stets zu gewährleisten, dass die Messwerte tatsächlich generiert werden können, auswertbar sind und die notwendigen Informationen hierfür zu den geplanten Zeitpunkten erhoben werden.

Im Hinblick auf eine Messung ist schon in der Planungsphase zum Change empfehlenswert, konkrete Etappenziele als Meilensteine zu definieren. Für eine Reflexion der Einzelschritte oder des Endergebnisses dienen mit allgemein wenig Aufwand intern und extern durchgeführte **Debriefings**. In diesem Rahmen werden die erfolgten Maßnahmen retrospektiv betrachtet und analysiert, was in den einzelnen Phasen gut und weniger gut gelaufen ist, was sich bewährt hat, was daraus gelernt werden kann, wo Verbesserungspotenzial für zukünftige Maßnahmen besteht und wie das Gelernte auf die Zukunft übertragen werden kann – d. h. all das, was im agilen Vorgehen oftmals schon während des Projektes im Prozess integriert ist.

Entscheidend für die Evaluation ist, dass sie bereits zu Beginn eines Veränderungsvorhabens in ihrer Systematik und den Kriterien definiert wird. Sie darf keinesfalls, auch nicht bei plötzlichen Veränderungen mit oftmals verbundenen großen Herausforderungen und meist raschen Handlungsnotwendigkeiten, versäumt werden, sodass erst am Ende eines Change-Vorhabens die Erfolgsmessung betrachtet würde. In der Praxis kann es hilfreich sein, wenn Personen, die nicht in die strategische Leitung und operative Umsetzung des Change-Projektes eingebunden sind, diese Aufgabe übernehmen. Dies kann zum Beispiel ein Team aus Controlling, HR und weiteren Experten sein.

4.3 Umsetzungsphase

In der Umsetzungsphase zeigt sich, wie gut die Vorarbeiten erfolgt sind und ob das Change-Konzept den Anforderungen der konkreten Situation tatsächlich gerecht wird. Aber selbst dann, wenn die Vorbereitungen professionell und akribisch erfolgt sind, kann in der Umsetzungsphase dennoch Widerstand eine der Reaktionen der Betroffenen sein – denn dieser ergibt sich zumeist, wenn sich Menschen mit Veränderungen auseinandersetzen müssen und nicht darauf vorbereitet waren beziehungsweise wurden. Auch empfundene Widersprüchlichkeiten aufgrund von sogenannten Paradoxien (offensichtlich unvereinbaren Aspekte) können dies auslösen und verstärken. Je klarer die Change-Verantwortlichen sich dessen bewusst sind und sie darauf vorbereitet sind, desto unwahrscheinlicher ist es, dass ein Change-Projekt deswegen scheitern muss. Wer folglich weiß, wie mit Widerstand und Paradoxien umgegangen werden kann, hat nicht nur die Chance, diese zu entkräften, sondern auch die Möglichkeit, sie im positiven Sinne zu nutzen und die Veränderungsbereitschaft der Beteiligten deutlich zu erhöhen.

4.3.1 Veränderungsbereitschaft ist nicht selbstverständlich

Die Veränderungsbereitschaft der Beteiligten hängt von ihrer emotionalen und gedanklichen Flexibilität sowie ihrer Offenheit für Neues ab. Dabei ist entscheidend, wie *die Welt* von jeder beteiligten Person wahrgenommen wird, denn dies formt das jeweilige empfundene *Modell von der Welt* oder auch die *Wahrnehmungslandkarte*. Was nicht im eigenen Kosmos vorhanden oder auf der eigenen Landkarte zu finden ist, liegt nicht im vorstellbaren Möglichkeitsraum. Man spricht bei diesen persönlichen Prägungen auch von *Konditionierungen*. Sie sind abhängig von den individuellen Wahrnehmungsfiltern, das heißt, wie Informationen interpretiert oder auch verzerrt, selektiv wahrgenommen und bewertet werden sowie welche Gefühle und Gedanken aufkommen. All das führt im Ergebnis zu einer individuellen Schlussfolgerung, zum Beispiel bezogen auf eine soeben kommunizierte geplante Veränderung. Diese kann für einzelne Beteiligte völlig unterschiedlich sein – denn was diesbezüglich innerhalb einer Person abläuft, ist komplex, höchst individuell und von außen oftmals nicht zu erkennen. Sogar die Betroffenen selbst können häufig nicht wiedergeben, was emotional in ihnen vorgeht oder was genau zu einer bestimmten Reaktion oder Verhaltensweise geführt hat, zumal dies auch in Bruchteilen von Sekunden ablaufen kann. Diese persönlichen Programmierungen sind die Grundlage für darauffolgendes Verhalten und Handeln. Sofern neue Informationen und Erfahrungen mit der eigenen Vorstellung nicht vereinbar wirken, entsteht *Dissonanz*. Sie kann als belastend oder als Stress empfunden werden sowie Irritationen und Widerstand hervorrufen – zum Beispiel wenn eine Person sich dazu gezwungen fühlt, etwas anders tun zu müssen, als es den eigenen Einstellungen und Sichtweisen entspricht. Gerade im Change baut sich häufig ein empfundener Druck auf, sich verändern zu müssen, obwohl die persönliche Meinung besteht, alles sei richtig, wie es bisher läuft und gelaufen ist. Dies kann der Fall sein, wenn ein Unternehmen sehr erfolgreich war und vielleicht nach wie vor ist, jedoch aus vorausschauenden, strategischen Gründen eine Kurskorrektur erfolgen soll, die eine Veränderung des persönlichen Verhaltens der Beteiligten erfordert. Da die Beteiligten diese Notwendigkeit zur Veränderung selbst nicht sehen, können Unverständnis, Verärgerung und Blockaden entstehen (Kapitel 4.2.3, Kotter, Stufe 1).

Kompakt

Möchte man Offenheit und Flexibilität im Verhalten erreichen, muss die Wahrnehmung oder Einstellung zur anstehenden Maßnahme verändert werden, zum Beispiel durch das Gewinnen neuer Sichtweisen, Erkennen von positiven Aspekten und Sinn, aber auch durch das Bewusstmachen persönlicher Vorteile.

Vergangenheit würdigen

Darüber hinaus ist es im Change Management wichtig, das bisher Erreichte zu würdigen und die Erfolge der Vergangenheit nicht unkommentiert zu lassen. Dieser Bezug muss bei jeder Veränderungsmaßnahme erfolgen. Personen, die sehr an den alten Zeiten hängen, könnten sich ohne einen anerkennenden Rückblick überrumpelt fühlen. Auch hier ist das Empfinden individuell und hängt davon ab, ob eine Person eher vergangenheits-, gegenwarts- oder zukunftsorientiert ist. Bei der Würdigung dessen, was in der Vergangenheit schon erreicht wurde und zum Erfolg sowie zur positiven Entwicklung beigetragen hat, ist zu differenzieren, was davon heute noch dienlich ist und daher mit in die Zukunft genommen und was eher hinderlich oder schädigend ist und daher wertschätzend verabschiedet und nicht mehr forciert werden soll. Werden die Beweggründe in der Kommunikation erläutert, fällt es den Beteiligten voraussichtlich leichter, sich auf Neues einzulassen und Bewährtes loszulassen. Wird dies unterlassen, können Irritation sowie Frustration aufkommen, wodurch die Veränderungskurve (Kapitel 1.4, Abb. 5) in ihrer Amplitude voraussichtlich ausgeprägter ausfallen und sich die Woge des Widerstands erhöhen wird.

4.3.2 Widerstand ist völlig normal

Wenn es im Change nicht wie geplant vorangeht, wenn es stockt oder Ergebnisse ausbleiben, kann Widerstand eine Ursache dafür sein. Im Change ist er eine fast schon übliche Begleiterscheinung: kaum eine Veränderung ohne Gegenwind – denn immer dann, wenn sich Bekanntes und Gewohntes verändert oder sich die Regeln im System verschieben, kann es auf Ebene der Organisation, bei Gruppen oder Individuen zu Unverständnis, Verwirrung und Blockaden kommen, die sich als Gegenwehr äußern und sich unter Zeitdruck verstärken. Widerstand kann offen oder verdeckt, ausgeprägt oder schwach, flächendeckend oder punktuell sowie früher oder später auftreten. Er kann zum Dauerbrenner und zur permanent latenten Blockade werden, wenn nicht bewusst und lösungsorientiert damit umgegangen wird. Dabei ist Widerstand als Symptom zu sehen, dessen Ursache analysiert werden muss, um zielgerichtet darauf reagieren zu können (Pfläging, 2019).

Oftmals sind die Ursachen Emotionen unterschiedlichster Art oder individuelle Gründe. Ebenso sind die unternehmenskulturellen Regeln des relevanten Systems und Denkmuster von Bedeutung. Daher ist in diesem Zusammenhang die Berücksichtigung der unterschiedlichen Ursachen und der daraus resultierenden *Veränderungsreaktionen* äußerst hilfreich – sie können geplante Maßnahmen hindern oder fördern. Auf der hinderlichen Seite können als auslösende Ursachen Befürchtungen, Ängste, aber auch bereits Zweifel zu offenem oder verdecktem Widerstand führen, der bis zur Sabotage reichen kann. Er zeigt sich oftmals in Form von Widerspruch, Aufregung, Ausweichen oder Teilnahmslosigkeit.

Befindet sich vor diesem Hintergrund jemand im *Widerspruch*, kommuniziert er mit Gegenargumenten, Formalismus, Vorwürfen oder einer Kontrahaltung. Dagegen kann sich *Aufregung* in nonverbaler Unruhe, in einem stummen oder verbalen Hineinsteigern, im Verbreiten von Gerüchten und auch in Form von Gruppenbildung zeigen. *Ausweichen* ist daran zu erkennen, dass durch Passivität geflüchtet wird, indem Personen sich über Sachverhalte lustig machen, das Thema wechseln, über andere sprechen und oftmals auch Unwichtiges mit Leidenschaft diskutieren. *Teilnahmslosigkeit* erfolgt meist nonverbal. Sie äußert sich durch Schweigen, Unaufmerksamkeit, Abwesenheit und Rückzug (Doppler & Lauterburg, 2019).

Auf der förderlichen Seite sind *Offenheit, Interesse*, *Zustimmung* für eine anstehende Veränderung sowie *Unterstützung* als mögliche Reaktionen zu nennen. Allerdings sind Personen, die Veränderungen von vornherein befürworten und begrüßen, in der Regel eher selten vertreten. Dazwischen liegen die wohl am schwierigsten einzuschätzenden, ambivalenten Haltungen und Reaktionen: offenkundige Unterstützung gepaart mit verdecktem Widerstand (Doppler & Lauterburg, 2019).

Diese Reaktionen bedürfen unterschiedlicher Herangehensweisen. Die Auswahl entsprechender Interventionen und Methoden hängt auch davon ab, ob das Problem auf der Ebene der Organisation, einer Gruppe oder einer Person liegt oder ob mehrere Ebenen gleichzeitig betroffen sind. Bei Themen auf Ebene der Organisation sind Methoden des Change Managements geeignet, zum Beispiel Großgruppenprozesse (Kapitel 4.2.4). Auf Personenebene bietet sich Coaching als wirkungsvolle Vorgehensweise an. Auf Ebene der Gruppe können sowohl Methoden und Interventionen des Change Managements als auch Gruppen-Coachings zielführend sein. Dies richtet sich auch hier nach den Anforderungen der konkreten Situation.

<table>
<tr><th colspan="3">Veränderungsreaktion</th></tr>
<tr><th>Hinderlich</th><th>Ambivalent</th><th>Fördernd</th></tr>
<tr><td>Sabotage</td><td rowspan="4">Mischung aus offensichtlich fördernder Haltung und Reaktion zu tatsächlich hinderlicher Haltung und Handlung</td><td>Unterstützung</td></tr>
<tr><td>Widerstand (z. B. Widerspruch, Aufregung, Ausweichen oder Teilnahmslosigkeit)</td><td>Zustimmung</td></tr>
<tr><td>Angst</td><td>Interesse</td></tr>
<tr><td>Bedenken</td><td>Offenheit</td></tr>
<tr><td colspan="2">↓</td><td>↓</td></tr>
<tr><th colspan="3">Vorgehensweise</th></tr>
<tr><td colspan="2">Motiv und Ebene erkennen, Muster verändern und dadurch auflösen</td><td>Erkennen und nutzen</td></tr>
</table>

Tabelle 5: Reaktionen auf Veränderungen (in Anlehnung an Doppler & Lauterburg, 2019)

Liegt die Energiequelle für Widerstand bei Einzelpersonen, die diesen als Blockierer systematisch pflegen und dabei verdeckt agieren, indem sie augenscheinlich Befürworter der Veränderung sind, jedoch unterschwellig manipulieren, ist die Angst vor schwindender Macht oftmals das dahinterliegende Motiv. Hier gilt es, das Verhalten erst einmal zu erkennen, um dann Einzelgespräche zu führen und die tatsächlichen Motive herauszufinden. Voraussichtlich wird ein verdeckt agierender Blockierer viel Energie aufwenden, um seine Haltung nicht preisgeben zu müssen. Auch wenn es persönlich eine Hürde bedeuten könnte, emotionsfrei auf einen taktierenden Blockierer einzugehen, ist es erfahrungsgemäß erfolgversprechend, ihn mit seinen Ängsten, Befürchtungen und Blockaden dort abzuholen, wo er gerade steht. Teilweise kann ein Machtdefizit durch das Anbieten eines attraktiven Tauschangebotes gelöst werden: So kann einem Blockierer, der Angst vor Statusverlust hat, eine aktive Rolle im Change Management angeboten werden – jedoch nur, wenn er kein grundsätzlich schädigendes Verhalten in sich trägt. Es ist daher zu beobachten, ob die Blockadehaltung tatsächlich aufgegeben wird und die Intervention somit funktioniert hat. Darüber hinaus ist eine enge Begleitung wichtig, denn unterschwellige Manipulation kann sehr subtil erfolgen und entspricht erfahrungsgemäß einem langjährig verinnerlichten und gepflegten (unbewussten) Grundmuster. Sofern Haltung sowie Reaktionen allerdings unverändert bleiben, wird das konkrete Ausmaß zur Entscheidung beitragen, ob das Verhalten im Sinne des Gesamtprojektes tragbar ist oder eine andere Lösung geschaffen werden muss. Findet sich eine positive Lösung, kann ein Blockierer, der einen die Veränderung unterstützenden Richtungswechsel vorgenommen hat, zur Orientierung anderer beitragen.

Daran wird deutlich, dass Widerstand in unterschiedlichen Formen ablaufen kann und die Art und Weise, wie er sich zeigt, noch keinen vollständigen Schluss auf die Ursache sowie Tiefe ermöglicht. Er kann sachlich begründet und offensichtlich oder auf der psychosozialen Ebene (Kapitel 1.3, Eisberg-Modell) und voraussichtlich nicht auf den ersten Blick zu erkennen sein. Dabei ist Widerstand an sich nicht grundsätzlich negativ zu bewerten, sondern zunächst neutral zu betrachten. Der Change-Experte sollte daran erkennen, dass ein spezielles Thema offensichtlich besonderer Aufmerksamkeit bedarf (Vahs & Weiand, 2020).

Vor dem *sachlichen Hintergrund* kann zum Beispiel nicht erfolgte Einbindung der Grund für Widerstand sein, indem die Veränderungsentscheidung oder die Art der Umsetzung nicht das Expertenwissen der Beteiligten berücksichtigt hat. Daher ist *frühzeitige Partizipation* (Kapitel 3.5) generell empfehlenswert. Denn es ist, wie bereits erläutert, davon auszugehen, dass bezüglich Entscheidungen, an denen die Belegschaft mitgewirkt hat, später voraussichtlich kein oder kaum Widerstand aufkommen wird (Robbins, 2003), da die Betroffenen zu Beteiligten wurden (Kotter, 2011). In neueren Organisationsformen wird teilweise bewusst mit der Einbindung von Mitarbeitenden gearbeitet, beispielsweise in Form von *kollegialen Entscheidungsver-*

fahren. Hierüber soll erreicht werden, dass eine Entscheidung von der Gemeinschaft getragen wird (Oesterreich & Schröder, 2020). Im Ergebnis führt dies zu Partizipation, allerdings auf einem anderen Weg. Da die Einbindung von Mitarbeitenden Zeit benötigt und diese im Alltag nicht immer vorhanden zu sein scheint oder Veränderungen ohne Entscheidungsspielraum umgesetzt werden müssen, ist es auch hier ausschlaggebend, inwiefern das Vorgehen zur Ausgangssituation und zur Zielsetzung passt. So besteht bei einem von zwei internationalen Unternehmensleitungen beschlossenen Zusammenschluss, bei einem Strategiewechsel, bei Zu- oder Verkauf von Geschäftsbereichen in der Regel kein Spielraum für einen partizipativen Prozess in Bezug auf die Entscheidung an sich, allerdings gegebenenfalls im Hinblick auf die Umsetzung.

Wird Widerstand auf Dauer unterdrückt oder ignoriert, fällt er nicht weg, sondern wird sich aufstauen, droht mit der Zeit immer größer zu werden und irgendwann auszubrechen – in Form von verhärteten Blockaden, von Konfrontationen oder Kündigungen. Weitere Auslöser für Widerstand können sein: das dauerhafte Gefühl, nicht wahrgenommen zu werden, den Anforderungen nicht standhalten zu können und der daraus entstehende Leistungsdruck. Um lösungsorientiert damit umgehen zu können, ist es entscheidend, sich mit Widerstand und seinen Ursachen auseinanderzusetzen und in kommunikativen Austausch zu treten (Doppler & Lauterburg, 2019). So können Probleme gelöst werden, solange sie noch klein und einigermaßen einfach handhabbar sind.

4.3.3 Keine Angst vor Paradoxien

Auch Widersprüchlichkeiten in Form von Paradoxien, die sich durch zunehmende Komplexität häufig verstärken, können die Ursache für Widerstand sein. Sie können auf den Ebenen Organisation, Gruppe, Individuum auftreten und bedürfen unterschiedlicher Herangehensweisen, wie im nachfolgenden Verlauf dargestellt wird. Doch was ist eigentlich konkret unter einer Paradoxie zu verstehen?

Kompakt

Unter einer Paradoxie versteht man mindestens zwei unterschiedliche Aspekte einer Aussage oder Handlung, die unvereinbar scheinen, sich widersprechen sowie zu einer gefühlten Zerreißprobe, Angst und Stress führen können. Gleichzeitig bedingen sie sich gegenseitig und ihre Wechselwirkung steht im positiven Sinne für relevante Kräfte in Unternehmen (Schad, 2016), die aktiv genutzt werden können.

Durch die offensichtliche Unvereinbarkeit von zwei Aspekten einer Paradoxie kann bei den Betroffenen der Eindruck einer unlösbaren Situation entstehen. Allerdings bieten Paradoxien, sofern gut genutzt, auch Chancen, denn sie können unterstützend wirken und neue Möglichkeiten eröffnen. Gut funktionieren kann das durch Integration der offensichtlich gegenläufigen Aspekte mithilfe eines Sowohl-als-auch-Ansatzes.

Paradoxie: Bedürfnis nach Veränderung versus Wunsch nach Stabilität
Alles soll besser werden und gleichzeitig stabil sowie verlässlich bleiben. Dieser Wunsch ist sicherlich in vielen Unternehmen und Belegschaften vorzufinden. Allerdings setzt die Verbesserung einer Situation Veränderung und Veränderungsbereitschaft der Beteiligten voraus. Je nach Ausmaß kann der Veränderungsbedarf stärker oder geringer ausgeprägt sein. Dies erfordert auf Ebene der Person die Bereitschaft und Fähigkeit, Kompromisse einzugehen, Zugeständnisse zu machen und die eigene Komfortzone zu verlassen. Auf Ebene der Organisation befinden sich Unternehmen häufig noch im Bias der bisherigen Erfahrungen, in denen das Geschäftsmodell durch Fachkompetenz, Qualität, Größe, Marktmacht und (lokale) Positionierung erfolgreich war. Aktuell stehen viele Unternehmen jedoch an einem Punkt, an dem diese Parameter zwar nach wie vor wichtig sind, allerdings nicht mehr primär entscheidend. Insbesondere die Digitalisierung und die Internationalisierung haben neue Herausforderungen mit sich gebracht, beispielsweise, sich neue Kenntnisse und Fähigkeiten aneignen zu müssen (Person) oder in einem größeren Kontext zu denken sowie zu planen (Gruppe Management). Auch neue Kundenanforderungen machen veränderte Dienstleistungs- und Produktangebote (Organisation) notwendig – und das teilweise in einer derartigen Geschwindigkeit, dass die Anforderungen des Marktes die unternehmensspezifischen Möglichkeiten und Entwicklungen schlichtweg überholt haben. Vor diesem Hintergrund kann eine Lösung erfolgen, indem Altes mit Neuem kombiniert wird, d.h., dass Stabilität beibehalten und Veränderung vorangebracht wird, ohne eine Entscheidung für das eine oder gegen das andere treffen zu müssen. Dabei können das Wissen sowie die Erkenntnis helfen, dass ein stabiler Rahmen die Grundvoraussetzung für erfolgreichen Wandel bedeutet und Veränderung wiederum die Voraussetzung für Stabilität ist (Kozica, 2017).

Mögliche Lösung: Einen maximal stabilen Rahmen schaffen, um darin weitestgehende Veränderung zu ermöglichen und mit sicherem Gefühl Neues gestalten zu können. Ein Beispiel: Ein Unternehmen der traditionellen Teileherstellung modernisiert den Produktionsprozess durch eine Hinzunahme von 3D-Druckverfahren. Aufgrund der langjährigen Erfahrung in der Teilefertigung ist das Wissen vorhanden, welchen Anforderungen die Produkte standhalten müssen. Mit der neuen Fertigungsmöglichkeit der 3D-Drucktechnik soll der Herstellungsprozess Schritt-für-Schritt verändert und auch die Produktpalette erweitert werden. Eine solche Veränderung muss den Mitarbeitenden erläutert werden, vor allem auch, wenn sie eine Strategieanpassung mit sich bringt (Tradition versus Entwicklung), damit sich die Beteiligten darin wiederfinden können. Im besten Fall erfolgen die Ideenentwicklung und Strategieableitung von der Belegschaft selbst oder zumindest einem Teil von ihnen. Hierfür wird später in diesem Kapitel das Tetralemma-Modell in dessen Grundzügen vorgestellt, welches beispielsweise innerhalb einer Zukunftskonferenz (Kapitel 4.2.4) angewendet werden kann.

Paradoxie: Wunsch nach Selbstverantwortung und Vertrauenskultur versus Sicherheit durch Vorgaben und Kontrolle

Ausgelöst durch die Covid-19-Pandemie mussten sich viele Unternehmen zwangsläufig mit dem Thema Vertrauenskultur auseinandersetzen, da sich Arbeitsbedingungen buchstäblich über Nacht verändert hatten. Wo es die Aufgabe und technischen Möglichkeiten zugelassen haben, wurde das Arbeiten im Homeoffice angeboten. Dies erfordert Vertrauen sowie Selbstverantwortung, die wiederum Offenheit, Zuverlässigkeit, Transparenz und ein gemeinsames Verständnis von Aufgabe und Arbeitsweise voraussetzen. Wer sich jahrelang im Mindset von klaren Vorgaben und Kontrolle bewegt hat – Mitarbeitende wie Führungskraft –, wird erst lernen müssen, die vermeintliche Sicherheit zu hinterfragen, Vertrauen als neuen Zeitgeist zu integrieren sowie sinnvolle und angemessene Grenzen auszuloten. Vertrauen bringt gleichzeitig die Anforderung der Selbstverantwortung mit sich, die ebenfalls gelernt und integriert sein will. Ist eine Belegschaft daran gewöhnt, klare Aufträge zu erhalten und abzuarbeiten, sich in einem vorgegebenen, engen Entscheidungsrahmen zu bewegen und nicht für das Gesamtergebnis verantwortlich zu sein, könnte die Anforderung, Selbstverantwortung zu leben, in Überforderung münden. Auch könnte die gebotene Notwendigkeit nicht ersichtlich oder die Bereitschaft, zukünftig anders zu denken und zu arbeiten, nicht vorhanden sein. Hier ist ein Entwicklungs- und Lernprozess auf Ebene der Organisation, der Gruppe sowie jeder einzelnen Person notwendig, altbekannte Pfade zu verlassen und neue Wege zu gehen. Eine sinnvolle Vorgehensweise kann sein, den Führungskräften sowie den Mitarbeitenden die neuen Anforderungen zu erläutern und zu erklären, was dies in der täglichen Arbeit für die Beteiligten bedeutet. Es bedarf in der Führung Vertrauenskompetenz und bei der Belegschaft einer offenen Haltung und vor allem der Bereitschaft, sich einzulassen und mehr Verantwortung zu übernehmen. Anstatt der Erledigung einer einzelnen Tätigkeit für einen Kunden, beispielsweise Administration, müssen alle Personen, die für einen Kunden arbeiten, darauf achten, dass der Kunde rundum zufrieden ist. So erhält das komplette Kundenteam die Zielsetzung (gegebenenfalls Zielvereinbarung) der Kundenzufriedenheit und trägt die Verantwortung, dass Zeitpläne eingehalten werden sowie an einem Strang gezogen wird. Dafür wird die Position aller Beteiligten gestärkt, indem sie Handlungsfreiheiten und Entscheidungskompetenzen erhalten. Personen, die bereits auf Entscheiderebene agieren (obere Führungsebene), sind es gewohnt, Verantwortung zu tragen, in der Regel jedoch nicht die Mitarbeitenden ohne Führungsfunktion. Auch die untere Führungsebene hat hier oftmals noch Aufholbedarf (Kapitel 3.2). Dann ist ein Entwicklungsprozess nötig. Bei den Führungskräften der mittleren Ebene können personenindividuell und situationsbedingt beide Ausprägungen vorhanden sein. Sofern notwendig, muss auch hier die neue Sichtweise (noch stärker) integriert werden.

Mögliche Lösung: Für die Lösung des Paradoxes kann ein Rahmen auf Basis von Vertrauen mit wenigen, klaren Regeln sowie einer eindeutigen Aufforderung zu selbstverantwortlichem Denken und Handeln geschaffen werden. Die Erwartungshaltung des Unternehmens muss zum einen an die Beteiligten klar kommuniziert und erläutert werden, zum anderen müssen die Mitarbeitenden aktiv darin bestärkt und unterstützt werden, diese umzusetzen. Dafür braucht es starke Führungskräfte mit Vertrauenskompetenz und der Geduld für diesen Begleit- und Entwicklungsprozess. Die Zielsetzung ist, Vertrauenskultur und Selbstverantwortung als neues Mindset in den Arbeitsalltag zu integrieren. Dies sollte soweit möglich auch durch entsprechende Zielvereinbarungen unterstützt werden. Letztendlich muss allen Beteiligten bewusst sein und in die Umsetzung kommen, dass eine Vertrauenskultur nur dann funktionieren kann, wenn Selbstverantwortung gelebt wird. Diese wiederum kann am besten entwickelt werden, wenn Vertrauen die Grundlage der Zusammenarbeit ist.

Paradoxie: Wunsch nach Mitbestimmung und Mitwirkung versus Mangel an Zutrauen und Bedürfnis nach Entlastung

Die Beteiligung der Belegschaft an einer Veränderungsmaßnahme oder an einem neuen Arbeitsthema kann zu Akzeptanz, Unterstützung und Verantwortungsbewusstsein beitragen. Allerdings ist in der Praxis zu beobachten, dass zwar auf der einen Seite der grundsätzliche Wunsch nach Mitbestimmung und Mitwirkung an (strategischen) Themen besteht, auf der anderen Seite jedoch oftmals auch Zurückhaltung wahrzunehmen ist, tatsächlich mitzubestimmen und mitzuwirken. Dies kann auf die Notwendigkeit des zusätzlichen zeitlichen Engagements zurückzuführen sein oder auf die Unsicherheit, eine derartige Verantwortung tragen zu können. Daher ist es notwendig, zeitliche Freiräume zu schaffen und diejenigen, die sich einbringen möchten, zu begleiten sowie Kenntnisse, Fähigkeiten und Kompetenzen, die noch nicht ausreichend vorhanden sind, parallel weiterzuentwickeln. Wenn während der Einbindung Informationen über das Vorgehen und die einzelnen Schritte sowie das Endergebnis innerhalb der Belegschaft kommuniziert werden, kann dies auch diejenigen Personen, welche ebenfalls interessiert sind, aber noch zögern, dazu motivieren, sich künftig zu engagieren. Möchte ein Unternehmen das verstärkt umsetzen, bedarf es in aller Regel einer unternehmenskulturellen Entwicklung, entsprechender Führung sowie gegebenenfalls auch einer Umorganisation von Aufgaben – und es ist Geduld nötig. Je größer eine Organisation ist, desto langwieriger sind diese Prozesse in der Regel.

Mögliche Lösung: Mitbestimmung und Mitwirkung sind zu fördern, indem arbeitsbezogen Freiräume geschaffen werden, notwendiges Know-how sowie die Unternehmenskultur inklusive Führungskultur dementsprechend entwickelt werden, sodass Befähigung, Zutrauen, Interesse und die Motivation, sich einzubringen, gestärkt werden. Dies kann beispielsweise durch die Einbindung von Mitarbeitenden in strategische Thementeams erfolgen, indem ein Marktteam neue Kundenbedarfe identifiziert, um daraus eine Anpassung des Dienstleistungsangebotes abzuleiten. Dabei sind die Beteiligten aufgefordert, Sichtweisen sowie Feedback einzubringen. Alle Meinungen werden gehört und, unabhängig von wem sie eingebracht wurden, aufgenommen, sofern sie der Mehrzahl der Mitglieder des Thementeams sinnvoll erscheinen. Durch diese Grundhaltung können bereits erste Hemmungen, sich einzubringen, gelöst werden und Kreativität kann fließen. Für die Arbeitsorganisation erfolgt, sofern die Zusatzaufgabe deutliches Zeitinvestment in Anspruch nimmt, im besten Fall eine Reduzierung anderer Aufgaben. Andererseits kann eine Mitarbeit in einem Thementeam auch eine Chance bedeuten, die Herausforderung zu meistern, beides unter einen Hut zu bringen, dafür zu priorisieren und sich dadurch auch in seinen Kompetenzen (Zeitmanagement, Priorisierung) weiterzuentwickeln. So kann das selbstverantwortliche Management der eigenen Arbeitszeit bewusst zum Einsatz kommen, indem die Mitwirkenden ihre Arbeitsabläufe und -inhalte hinterfragen und optimieren sowie die Priorisierung ihrer Tätigkeiten überprüfen.

Paradoxie: Wunsch nach umfassender Information versus Bedürfnis nach Informationsverschlankung

Insbesondere durch die Internettechnologie und den 24/7-Zugang haben sich die Möglichkeiten und die Bandbreite der Informationsbeschaffung in den letzten Jahren enorm erweitert. Auch das persönliche Informationsbedürfnis ist durch den einfachen Zugang gewachsen. Beides zusammen führt jedoch inzwischen teilweise auch zu einer Überforderung und zu einem Gefühl der Informationsüberflutung. Dies verstärkt sich vor dem Hintergrund permanent zunehmender Arbeitsverdichtung und -geschwindigkeit und daraus resultierendem Zeitmangel. Die entscheidende Frage ist dabei, wo die richtigen Informationen und Inhalte möglichst einfach sowie in einem adäquaten Umfang gefunden werden können. Somit gilt es, die positive Seite einer breiten und tiefen Informationsmöglichkeit zu nutzen, indem die Inhalte beispielsweise vorselektiert werden. Hier kann ein Unternehmen Verbesserungen schaffen, indem sich Themenverantwortliche um gezielte Informationsaufbereitung und -weitergabe kümmern. Auch muss nicht jeder alle verfügbaren Informationen erhalten.

Mögliche Lösung: Die bisher praktizierte Kommunikationskultur kann überdacht werden und eine bewusste Abkehr von Routinen erfolgen, sodass dem Bedürfnis nach ausreichenden oder umfangreichen Informationen nachgekommen wird. Dafür werden diese zweckdienlich vorselektiert sowie zielgerichtet aufbereitet zur Verfügung gestellt. Für dieses Vorgehen sind ausreichend Zeit und Ressourcen einzuplanen. Eine gute Informationsvorselektion sollte eine Strukturierung und auch eine zumindest kurz verfasste Beschreibung beinhalten, um was es konkret geht und was das Fazit ist. So können die Lesenden bereits auf den ersten Blick sehen, was der Inhalt verspricht und ob die Information für sie relevant ist. Ein bloßes Weiterleiten erfüllt diese Anforderung keinesfalls. Auch kann das in Unternehmen oftmals gängige In-Kopie-Setzen (CC-Kultur) bei E-Mails überdacht werden. Dabei kann die Frage reflektiert werden, ob es tatsächlich um Informationsteilhabe geht oder eher um Kontrolle des CC-Empfängers und der Abgabe von Verantwortung des Senders. Je nach Unternehmenszielen und -kultur sollten hier Regeln angeboten werden, damit die Zusammenarbeit reibungslos und ohne diesbezügliche Missverständnisse erfolgen kann.

Paradoxie: Hohe Arbeitsanforderungen versus Wunsch nach Work-Life-Balance

Es erscheint zunächst als unlösbarer Widerspruch, bei hohen Arbeitsanforderungen und den damit verbundenen Umständen auch eine gute Work-Life-Balance – das Gleichgewicht von Arbeits- und Privatleben – gewährleisten zu können. Unternehmen werden allerdings nicht umhinkommen, sich mit diesen Themen zu beschäftigen, denn die erst kürzlich in das Berufsleben eingetretenen oder aktuell eintretenden Generationen bringen andere Vorstellungen und Anforderungen an eine Arbeitsstelle mit als die schon länger berufstätigen Generationen – wobei dies jeweils sehr personenindividuell sein kann. Es geht folglich eher um eine Tendenz und einen Trend. Es kommen immer wieder Generationenbezeichnungen, wie X, Y, Z, auf. Sie sind in der Wissenschaft umstritten und in den Jahreszahlen nicht einheitlich definiert.

McCrindle & Wolfinger (2009) folgend ergibt sich diese Aufteilung:

- Babyboomer (1946–1964),
- Generation X (1965–1979),
- Generation Y (1980–1994),
- Generation Z (1995–2009),
- Generation Alpha (ab 2010).

Selbst wenn die exakten Definitionen teilweise abweichend sind, ist unumstritten, dass es zwischen unterschiedlichen Altersgruppen Verschiedenheiten gibt. Diese beziehen sich auf Sichtweisen, Bedürfnisse, das Selbstverständnis und die Definition von Arbeit. Dadurch verändert sich auch die Erwartungshaltung an Arbeitgeber sowie das Anforderungsprofil einer Arbeitsstelle. Vor allem die Arbeitsorganisation und die Bedürfnisse in Bezug auf die Arbeitszeit erleben hier die letzten Jahre eine starke Wandlung.

Waren beispielsweise Teilzeitarbeitsverhältnisse vor einigen Jahren bei Berufsanfängern und Juniorpositionen noch unüblich, sehen sich Arbeitgeber heute vor der Herausforderung, sich mit entsprechenden Anfragen auseinandersetzen zu müssen – beispielsweise weil eine andere zeitliche Bereitschaft vorhanden ist oder parallel andere Tätigkeiten verfolgt werden wollen. Aber auch in Vollzeitarbeitsverhältnissen werden – generations- und altersunabhängig – immer mehr Möglichkeiten bezüglich der Flexibilisierung der Arbeitswelt (zeitlich wie örtlich) erwartet, um privatem Leben mehr Freiheit und Raum geben zu können. Daher stellt sich die Frage, wie ein Unternehmen seiner Belegschaft trotz hoher Arbeitsanforderungen eine gute Work-Life-Balance ermöglichen kann. Anders formuliert kann von der Hypothese ausgegangen werden, dass erst durch eine gute Work-Life-Balance das Aufrechterhalten einer hohen Leistungsfähigkeit und die Erfüllung steigender Arbeitsanforderungen langfristig gewährleistet werden kann. Allerdings ist auch zu berücksichtigen, dass es für die Zufriedenheit am Arbeitsplatz und damit die Bereitschaft, (Höchst-)Leistungen zu erbringen, unterschiedliche Motivatoren gibt – je nach Lebensphilosophie und Bedürfnissen des Einzelnen.

Mögliche Lösung: Durch eine unternehmensseitige Ermöglichung von zeitlicher und räumlicher Flexibilität sowie Unterstützung der Work-Life-Balance und weiterer Arbeitszeitmodelle kann eine Grundlage für gesteigerte Arbeitsmotivation und -leistung geschaffen werden. Dies kann durch flexible Arbeitszeiten geschehen, die tatsächlich flexibel genutzt werden können, da sie in der Verhaltenskultur eines Unternehmens vollständig akzeptiert und integriert sind. Lässt ein Aufgabenfeld zu, dass Arbeit unabhängig von Zeit und direktem Kunden- oder Kollegenaustausch erledigt werden kann, könnte der Zeitraum für die Erfüllung der Tätigkeit den Mitarbeitenden frei zur Wahl gestellt werden. Ebenso könnte der Arbeitsort frei gewählt werden. Allerdings sind bei einem Arbeiten von einem anderen Land aus durch den Arbeitgeber die steuerlichen und sozialversicherungsrechtlichen Regelungen zu klären und diesbezügliche Entscheidungen zu treffen.

Paradoxie-Management

Zur Lösungsgestaltung im Umgang mit den genannten und weiteren Paradoxien kann eine Integration der sich anscheinend widersprechenden Aspekte erfolgen. So bedeutet bewusstes Paradoxie-Management die sinnergebende Verbindung der Themen. Hierbei kann ein Sowohl-als-auch-Ansatz aus dem *Tetralemma-Modell* (Sparrer & von Kibéd, 2000) unterstützen (Abb. 22). Das Modell wurde zur Reflexion von Ambivalenzen *und* Konflikten entwickelt und kann hilfreich sein, wenn zwei offensichtlich widersprüchliche Themen (A und B) im Raum stehen. Als Beispiel: A ist die Zusammenlegung und Auslagerung des HR-Bereichs in ein Land mit geringeren Personalkosten versus B, die Zusammenlegung der inländischen HR-Abteilungen aller Tochtergesellschaften zu einer lokalen HR-Abteilung. Beide Ansätze scheinen sich zunächst auszuschließen – entweder das eine oder das andere. Keines würde bedeuten, dass alles so bleibt wie bisher, was dem Konzern keine Möglichkeit auf Synergieeffekte gibt. Wie könnte nun beides miteinander verbunden werden? Gegebenenfalls ist es möglich, eine Zentralisierung durchzuführen und ein kleines Team vor Ort (lokal) aufrechtzuerhalten. Der damit verbundene inländische Mitarbeiterabbau im HR-Bereich wird über natürliche Fluktuation und interne Wechsler dargestellt. Der gewählte ausländische Standort wird geschult und Personal aufgebaut. Beide HR-Abteilungen arbeiten eng zusammen und dürfen in Workshops gemeinsam eine optimale Verteilung von Zuständigkeiten sowie Aufgaben ausarbeiten, die dann dem Management zur Entscheidung vorgestellt wird. Sofern das Konzept angenommen wird, haben die Betroffenen die Kernelemente selbst entwickelt und werden diese mittragen, einen Sinn darin sehen sowie sich eher dafür begeistern können, als wenn es ihnen vorgegeben worden wäre. Anstatt einer Entweder-oder-Entscheidung (A oder B) kann mit dieser Vorgehensweise somit eine *Sowohl-als-auch-Lösung* geschaffen werden.

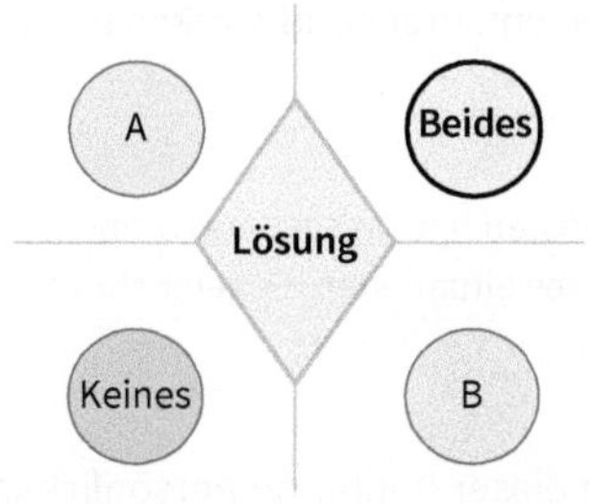

Abb. 22: Tetralemma-Modell (in Anlehnung an Sparrer & von Kibéd, 2000; Sobanski, 2020b)

Soll diese Herangehensweise in die arbeitsalltägliche Praxis integriert werden, ist zunächst das relevante theoretische Hintergrundwissen zu vermitteln. Dessen Anwendung erfordert Offenheit, Flexibilität und Kreativität. Nur so können Lösungen zu Gegensatzpaaren entwickelt werden, die beide Pole verbinden und neue Ideen aufzeigen. Der Sowohl-als-auch-Ansatz nach Tetralemma soll sich im besten Fall fortlaufend entwickeln und methodisch verankern. Dies kann zu einer Veränderung der Denkweise sowie, sofern konsequent laufend umgesetzt, zu einem kulturellen Wandel beitragen, um das Beste aus zwei Sichtweisen zu vereinen und sich von vermeintlicher Alternativlosigkeit zu lösen.

4.4 Integrationsphase

Nachdem das Veränderungsvorhaben geplant und umgesetzt wurde, erfolgt die langfristige Integration. Wenn in dieser Phase nachgelassen wird oder Fehler gemacht werden beziehungsweise nicht offen mit ihnen umgegangen wird, kann das ein bereits erzieltes Ergebnis wieder zunichtemachen oder die kompletten bisherigen Change-Errungenschaften verwässern. Die Integrationsphase ist somit ebenfalls relevanter Bestandteil eines erfolgreichen Change-Management-Prozesses. Dabei kann es hilfreich sein, verstärkt langfristige Kompetenzentwicklung sicherzustellen und vor allem Veränderungskompetenz zu stärken. Ebenso kann bewusstes Diversity Management (Kapitel 4.4.2) – die Nutzung der sozialen und personellen Vielfalt in einem Unternehmen – durch Perspektivenreichtum dazu beitragen, dass die Beteiligten sich gegenseitig besser verstehen sowie unterstützen und gemeinsam Argumente für einen Change erarbeiten. Auch eine auf das Change Management und das Veränderungsprojekt abgestimmte Gestaltung von Zielvereinbarungen kann dabei helfen, eine Veränderung schneller zu integrieren.

4.4.1 Kompetenzen zielgerichtet entwickeln und fördern

Um Veränderungen langfristig in Unternehmen verankern zu können, muss die Veränderungsfähigkeit der Beteiligten gut entwickelt sein. Hierfür sind Kompetenzen erforderlich, die die Beteiligten entsprechend stärken und unterstützen.

Kompakt

Kompetenz bedeutet das eigenständige Umsetzungsvermögen von Talenten, Fähigkeiten und Kenntnissen in unbekannten Situationen. Es beinhaltet auch das selbstständige Agieren und Reagieren.

So wird deutlich, dass nach dieser Definition Persönlichkeitseigenschaften oder bloße Qualifikationen, Wissen und Fertigkeiten, die beispielsweise in einem Seminar erworben wurden, noch nicht unter den Begriff Kompetenz fallen. Erst wenn diese Kenntnisse auch routinemäßig angewendet sowie insbesondere verstanden werden, kann von Kompetenz gesprochen werden – oder, anders formuliert, wenn Talente und Erlerntes integriert wurden und eine Person praktisch sowie wissentlich befähigt ist (Erpenbeck, 1996, 2012; Erpenbeck & Heyse, 2007; Erpenbeck & Hasebrook, 2012). Häufig wird beim Kompetenzbegriff von den vier Basiskompetenzen gesprochen (Roth, 1971; Erpenbeck & Heyse, 2007):

- personale Kompetenz,
- Sozialkompetenz inklusive kommunikative Kompetenz,
- Aktivitäts- und Handlungskompetenz sowie
- Fach- und Methodenkompetenz.

Diese vier Basiskompetenzen sind als Kategorien zu sehen, denen jeweils verschiedene Unterkompetenzen zugeordnet werden können. Nachfolgend werden die Basiskompetenzen kurz erläutert und exemplarisch changerelevante Unterkompetenzen aufgezeigt (Erpenbeck, Rosenstiel, Grote, Sauter, 2017):

- **Personale Kompetenz** beinhaltet einen klugen und kritischen Umgang mit sich selbst und anderen. Dabei geht es um Denkvermögen sowie um Anpassungsfähigkeit. Relevante Unterkompetenzen können unter anderem Eigenverantwortung und ganzheitliches Denken sein.
- **Soziale Kompetenz und kommunikative Kompetenz** beinhalten aktives und zielorientiertes Knüpfen von Kontakten sowie entsprechendes Kommunizieren und ein souveränes Umgehen mit Konflikten. Ebenso gehört dazu, bei Problemen einen Konsens zu finden und über die für ein gemeinsames Vorangehen erforderliche Teamfähigkeit und Empathie zu verfügen. Unterkompetenzen können unter anderem Kommunikations- und Integrationskompetenzen sowie Konflikt- und Problemlösungskompetenzen sein.
- **Aktivitäts- und Umsetzungskompetenz** wird als integrierte Fähigkeit und Motivation verstanden, Aktivitäten zu beginnen, auch gegen Widerstände durchzuführen

und zu beenden. Ebenso geht es um ein initiatives Setzen und Realisieren von Zielen sowie um das Treffen von Entscheidungen. Beispielhaft können ergebnisorientiertes Handeln und zielorientiertes Führen genannt werden.
- **Fachkompetenz** bezieht sich auf fachlich-inhaltliches Erledigen von Aufgaben sowie auf das Lösen von Problemen. Als Unterkompetenzen können exemplarisch fachübergreifendes Verständnis und Expertise genannt werden. Nach dieser Kompetenzstruktur wird Fachkompetenz eng mit **Methodenkompetenz** verbunden. Unter ihr ist zum Beispiel die methodische Steuerung von Prozessen zu verstehen. Dabei sind Aufgaben und Tätigkeiten in ihren Schritten und Phasen methodisch selbstorganisiert zu gestalten sowie zu einer Lösung zu führen. Ebenso sind die Methoden (kreativ) weiterzuentwickeln, um auch anderen das gesammelte Wissen und die Erfahrungen zu vermitteln, beispielsweise durch Projektmanagement-Know-how und Lehrkompetenz.

Veränderungskompetenz

Veränderungskompetenz kann sich aus allen vier Basiskompetenzen zusammensetzen. Wichtig ist, dass ein Unternehmen ein einheitliches Verständnis über die Kompetenzanforderungen hat und diese Informationen auch für die jeweils Beteiligten zugänglich sowie verständlich sind. Für ein Change-Vorhaben müssen ebenfalls die situationsspezifischen Veränderungskompetenzen definiert werden. Je ausgeprägter die vorhandenen, veränderungsrelevanten Kompetenzen sind, desto leichter werden die Beteiligten voraussichtlich durch diese und weitere Veränderungssituationen gehen können. Auch das Ausmaß des Widerstandes wird dann mutmaßlich niedriger ausfallen und das Vorankommen im Change kann umso zügiger erfolgen, sodass sich die Erfolgsaussichten insgesamt erhöhen. Wenn bereits vor einem Change-Vorhaben die Möglichkeit besteht, diese Kompetenzen zu entwickeln, sollte direkt damit begonnen werden – denn es bedarf Zeit, da es nicht lediglich um die Kenntnisse, sondern auch um deren Integration geht. Kompetenzentwicklung sollte demnach laufend erfolgen. Je nach unternehmensbezogenen Anforderungen kommen gegebenenfalls immer neue Kompetenzansprüche hinzu – Upskilling, Weiterqualifizierung –, während andere in den Hintergrund treten können. Sofern durch veränderte Umfeldbedingungen eine Umschulung notwendig ist, spricht man von Reskilling.

In Veränderungsphasen ist auch die bereits in Kapitel 1.3 beschriebene *Ambiguitätstoleranz* erforderlich, d. h. die Fähigkeit, mit Ungewissheiten umzugehen, Widersprüche auszuhalten und dennoch handlungsfähig zu bleiben. Diese Kompetenz wird regelmäßig auch im Zusammenhang mit den Anforderungen durch VUKA genannt, wenn viele neue Aspekte einströmen, auf die es ad hoc keine Antworten gibt. Des Weiteren ist die *psychische Stabilität* relevant, um schwierige Situationen zu überstehen, sich von Rückschlägen rasch zu erholen und um nach erfolgter Niederlage weiterzumachen, was auch als *Resilienz* bezeichnet wird, zum Beispiel wenn nach einer Umstrukturierung Führungspositionen wegfallen und Betroffene dadurch Führungsfunktionen aufgeben müssen.

4.4.2 Diversity Management – Veränderungsfähigkeit trainieren

Diversity Management kann ebenfalls dazu beitragen, ein Unternehmen veränderungsfähiger zu machen, indem sich Management, Führungskräfte und Mitarbeitende mit anderen Charakteren, Perspektiven und Kulturen auseinandersetzen sowie durch ein persönliches Bewusstwerden und Akzeptieren von Unterschieden lernen, mit Vielfalt umzugehen und sie konstruktiv zu nutzen. Auch wenn zunächst aufgrund unterschiedlicher Sichtweisen und Persönlichkeitsaspekte kritische Diskussionen und Konflikte entstehen können, kann Diversität eine Unternehmenskultur flexibler machen und dabei helfen, aus der Komplexität und Ungewissheit resultierende Herausforderungen besser zu bewältigen. Darüber hinaus werden, je mehr sich ein Unternehmen durch Zukäufe und Zusammenschlüsse internationalisiert, die Sprachkenntnisse und die kulturellen Kompetenzen bezogen auf den jeweiligen Markt immer wichtiger, sodass es sich auch aus den direkten Arbeitsanforderungen ergibt, diverser zu werden. Diversity beinhaltet nicht ausschließlich die Aspekte Alter, Geschlecht, sexuelle Orientierung, ethnische Herkunft und körperliche Fähigkeiten, sondern in einem erweiterten Ansatz auch die berufliche Herkunft sowie die damit verbundenen Erfahrungen, den Ausbildungsweg und das Bildungslevel, persönliche Präferenzen, Verhalten und letztendlich die Persönlichkeit an sich (Gardenswartz, Cherbosque & Rowe, 2010). Wie gut es gelingt, neue Mitarbeitende zu integrieren, die beispielsweise nicht dem bisherigen kulturellen Mindset des Unternehmens entsprechen, ist entscheidend für den gemeinsamen Erfolg sowie die Schaffung einer positiven und wertschätzenden Unternehmenskultur. Insgesamt soll mit Vielfalt ein bewusster und respektvoller Umgang unterstützt werden, um daraus Chancen und Mehrwerte für ein Unternehmen zu generieren sowie Potenziale zu entwickeln und soziale Anerkennung zu fördern. Aus Mitarbeitendensicht besteht vor diesem Hintergrund der Wunsch, individuell betrachtet und behandelt – und nicht einem One-fits-all-Konzept untergeordnet – zu werden.

4.4.3 Die richtigen Anreize setzen – Zielvereinbarungen

Zielvereinbarungen können Bestandteil einer Führung(sstrategie) sein. Hierin wird – im Unterschied zur Zielvorgabe – gemeinsam mit dem Mitarbeitenden eine Zielsetzung vereinbart, die im Unternehmenssinn ist und deren Schwierigkeitsgrad dem Anforderungsprofil von Rolle und Aufgabe entspricht. Meist sind damit monetäre Aspekte verbunden (Bonifikation, Gehaltserhöhung). Die vereinbarten Ziele müssen spezifisch, messbar, erstrebenswert, realistisch, zeitlich definiert und eigenständig erreichbar sein (Kapitel 4.1.1, SMART) und nicht per se Tätigkeiten beinhalten, die bereits im Aufgabenfeld definiert sind. So können Zielvereinbarungen erwünschtes Verhalten unterstützen und fördern – auch im Hinblick auf das Change Management. Allerdings werden in Unternehmen üblicherweise eher ausschließlich für die Führungskräfte der oberen Ebenen entscheidende Themen des Change Managements in die Zielvereinbarungen integriert. Je weiter in der Hierarchie nach unten gegangen wird, desto weniger sind diese berücksichtigt (Bohn & Crummenerl, 2015).

Analysiert man die praktischen Auswirkungen von Zielvereinbarungen auf das Mitarbeitendenverhalten, ist zunächst der Inhalt einer derartigen Vereinbarung zu klassifizieren. Häufig stellen Zielvereinbarungen die Basis für Bonuszahlungen und Gehaltserhöhungen dar. Zwei unterschiedliche Arten (Typ A, Typ B) von Zielvereinbarungen sind oftmals vorzufinden:

- Zielvereinbarungen nach Typ A mit qualitativen und quantitativen Aspekten. In den qualitativen Abschnitten befinden sich unter anderem Kriterien bezogen auf eine Zusammenarbeit sowie auf Arbeits- beziehungsweise Ergebnisqualität. Quantitativ wird in der Regel auf (Stück-)Zahlen und Summen abgestellt.
- Zielvereinbarung nach Typ B beinhalten ausschließlich personenbezogene quantitative Ziele.

Personen mit Zielvereinbarung Typ A zeigten sich eher bereit, quantitative und qualitative Ziele zu erfüllen sowie in diesem Zusammenhang auch Tätigkeiten zu übernehmen, die einer Gruppe von Personen dienen oder generell die Qualität verbessern und nicht in der Zielvereinbarung festgehalten sind. Demgegenüber zeigen Personen mit Zielvereinbarung Typ B in der Regel deutlich weniger Bereitschaft, qualitative Zusatzaufgaben zu übernehmen, die einer Gruppe oder einer Lösungsfindung auf übergeordneter Ebene dienen. Stattdessen ist in Veränderungssituationen häufig eine noch stärkere Fokussierung auf die persönlichen Ziele wahrzunehmen. Vorteil dieser Zielvereinbarungen ist dennoch, dass sie in umsatzorientierten Aufgaben eben diese Fokussierung bezwecken sollen. Allerdings könnten sie für das kulturelle Setting eines Unternehmens auch kontraproduktiv sein, da sie eigenfokussiertes Verhalten fördern. Dies macht deutlich, dass sich Ziel- beziehungsweise Bonusvereinbarungen nicht nur auf den Arbeitsfokus der Beteiligten auswirken, sondern auch einen maßgeblichen Einfluss auf das Verhalten der Mitarbeitenden und die Unternehmenskultur haben können, indem sie ein kulturelles Denken und Verhalten formen. Möchte man die Zusammenarbeit stärken, kann auch eine Abkehr von individuellen Zielen – hin zu Teamzielen – eine sinnvolle Maßnahme sein. Damit wird die Bedeutung der Teamleistung gestärkt und der Energie einer Gruppe Raum gegeben, denn es wird in der Regel rasch durchleuchtet, wenn Teammitglieder die gemeinsamen Ziele nicht ausreichend verfolgen. Die Gruppendynamik kann somit zur Integration und entsprechenden Mitarbeit, aber auch über kurz oder lang zum Verlassen des Teams von Nichtperformern führen.

Da ein Vergütungssystem immer zur Organisation sowie zu deren Vision und Kultur passen muss, kann es eine einschneidende Veränderungsmaßnahme oder eine über die Zeit hinweg erfolgte tiefgreifende Transformation nötig machen, die Vergütungssystematik anzupassen. Ein Eingriff in das Vergütungssystem kann allerdings vor dem

Hintergrund bestehender Arbeitsverträge, Betriebsvereinbarungen beziehungsweise der Gesetzgebung nicht ohne Weiteres erfolgen. Bei Ziel- oder Bonusvereinbarungen bestehen allerdings oftmals eine gewisse Flexibilität und eine kurzfristige (jährliche) Anpassungsmöglichkeit, die im Sinne der Change-Ziele genutzt werden kann.

4.4.4 Veränderungen nachhaltig integrieren

Veränderung lässt sich nicht von heute auf morgen realisieren. Es sind konsequente Umsetzung, Geduld und nachhaltige Ausdauer nötig. Dafür ist entscheidend, den eingeschlagenen Kurs der Veränderung beizubehalten und auch im Nachgang zu unterstützen, denn sonst besteht die Gefahr der Zurückentwicklung. Naheliegend und empfehlenswert ist, den Schwung sowie die Erfolgserlebnisse von bereits erreichten Resultaten, beispielsweise aus Zwischenergebnissen und dem Erreichen von Meilensteinen, zu nutzen, um weitere veränderungsbedürftige Themen direkt anzugehen (Appelbaum, Habashy, Malo & Shafiq, 2012). Darüber hinaus ist eine aktive Beobachtung notwendig, wohin sich eine Situation entwickelt, um gegebenenfalls einwirken oder korrigieren zu können und die neuen Ansätze in der Unternehmenskultur zu verankern. Im Sinne von Veränderungsintegration ist es empfehlenswert, folgende im Textverlauf bereits aufgezeigte Themen nicht nur beizubehalten, sondern beständig zu verfolgen und zu gewährleisten:

- **aktive Führung** – Vorbildfunktion und Coaching-Rolle der Führungskräfte (Kapitel 3.1, 3.2),
- **Partizipation** – untere Führungsebene an Managementthemen teilhaben lassen (Kapitel 3.1, 3.2, 3.4), Belegschaft generell einbinden (Kapitel 3.5),
- **im Austausch bleiben** – Kommunikation aufrechterhalten, Bottom-up und Top-down (Kapitel 3.1, 3.2, 3.3),
- **Feedbackkultur** gewährleisten, leben und einfordern (Kapitel 3.1, 3.2, 3.3),
- **Vertrauenskultur und Selbstverantwortung** fördern (Kapitel 1.3),
- **Wertschätzung** – veränderungsförderliches Verhalten offen wertschätzen und belohnen (Kapitel 1.3, 3.6),
- **Vergütungssystematik** der Zielsetzung im Change Management anpassen bzw. Ziel- und Bonusvereinbarungen nutzen (Kapitel 4.4.3),
- **Veränderungsfähigkeit** in der Kultur verankern (Kapitel 1.3, 4.4.1),
- **Unternehmenskultur** laufend und aktiv pflegen und weiterentwickeln (Kapitel 1.3).

5 Hybride Gestaltung des Change Managements am Beispiel einer Post Merger Integration

Ein Großteil der heutigen Unternehmen zeichnet sich nach wie vor durch Organisationsformen und Arbeitsweisen aus, die *klassische* (herkömmliche und weiterentwickelte) Ansätze des Change Managements erfordern, auch wenn vielmals *agile* Ansätze als zielführende Vorgehensweisen per se vermutet werden. Ein Aspekt der bisherigen Ausführungen war, die diesbezüglichen Hintergründe aufzuzeigen, um zu einem Verständnis und einer Einordnung der Begriffe und Inhalte zu gelangen, sodass eine zielgerichtete Navigation in Veränderungssituationen möglich wird und dafür die Art des »Fortbewegungsmittels« auf die Ausgangssituation, die Organisationsform sowie Arbeitsweisen der Beteiligten sowie entscheidend auf die Zielsetzung einer Veränderung ausgerichtet sind. Es wird somit bildlich gesprochen weder ein Sportboot auf das offene Weltmeer geschickt noch ein Kreuzfahrtschiff durch einen engen Kanal gelotst. Dabei ist es hilfreich, wenn ein Kapitän (Change-Experte) und seine Crew (Steuerungsgruppe) weitere Veränderungssituationen kennen, um die mitfahrenden Gäste (Belegschaft) nun gut durch unruhige, stürmische und ungewohnte Situationen navigieren zu können. Um mit dieser bildlichen Metapher wieder zurück in das Change Management zu kommen, kann es für Change-Verantwortliche beziehungsweise für das gesamte Change Management eine erste Lernstufe sein, mit einem Mix an Herausforderungen durch Ausgangssituation, Organisationsform, Arbeitsweise und Zielsetzung zurechtzukommen und die passenden Ansätze mit entsprechenden Modellen sowie Interventionen zusammenzustellen. Ein guter Change-Experte zeichnet sich dadurch aus, dass er vielerlei Erfahrungen sammeln konnte und die Erkenntnisse daraus in seinen Werkzeugkoffer integriert hat. Kaum eine Veränderungssituation, ein anstehender Wandel sowie eine gewünschte Transformation gleichen der anderen. Dennoch gibt es Erfahrungswerte, auf denen bei der Weichenstellung einer Change-Begleitung aufgebaut werden kann, beispielsweise die Erfolgsfaktoren (Kapitel 3), das Handwerkszeug der Analyse (Kapitel 4.1) und die gut vorbereitete Planung (Kapitel 4.2).

Ein großer Anteil der heutigen Unternehmen ist nach wie vor in hierarchischen Strukturen aufgestellt, das heißt, im Organigramm steht oben die Geschäftsleitung, darunter stehen Abteilungsleiter und Teamleiter. Mitarbeitende berichten an ihren Vorgesetzten und Vorgesetzte führen ihren Verantwortungsbereich. In Matrixorganisationen weicht sich dies etwas auf und die Organisation wird durch ihr Mehrliniensystem (Geschäftsbereiche und Funktionsbereiche, Kapitel 1.3) beweglicher, aber auch komplizierter. Ein eher geringerer Teil der Unternehmen ist agil organisiert. Oftmals sind es Teilbereiche, die agile Methoden anwenden, wie Projektgruppen oder Bereiche, die beispielsweise mit der Scrum-Methode arbeiten (Kapitel 4.2.5). Allerdings sind fast alle Unternehmen von den Auswirkungen von VUKA betroffen und müssen ausreichend flexibel sein, um auch mit der resultierenden Komplexität zurechtzukommen. Folglich stellt sich die berechtigte Frage, wie all diese Anforderungen, die sich in einer Unternehmenssituation wiederfinden, im Change bestmöglich begleitet und gesteuert werden können.

Für das Change Management kann daher eine Kombination der Ansätze die passende Lösung sein. Deshalb werden nachfolgend in einem Anwendungsbeispiel aufgezeigt, wie aufgrund der Gegebenheiten (Ausgangssituation, Organisationsform, Arbeitsweise) und der Zielsetzung die Weichen im Change Management passend gestellt werden können, indem Methoden, Modelle und Interventionen aus dem herkömmlichen, weiterentwickelten und agilen Change Management kombiniert angewendet werden. Dabei gilt, wie mehrfach betont, dass es keine Blaupause und kein Best-Practice-Vorgehen im Change Management gibt. Alle ausgewählten Maßnahmen müssen die Gegebenheiten berücksichtigen sowie der Zielsetzung dienen. Da dies vielfältige Gestaltungsmöglichkeiten zulässt, wird eine kombinierte, d. h. hybride, Anwendung von herkömmlichem, weiterentwickeltem und agilem Change Management am Beispiel einer Post Merger Integration dargestellt. Sie wurde ausgewählt, da sie eine Vielzahl der heutigen Anforderungen widerspiegelt sowie aufzeigt, wie umfassend ein Change-Vorhaben sein kann und der professionellen Begleitung bedarf.

5.1 Post Merger Integration – Königsdisziplin im Change Management

Eine Post Merger Integration (PMI) stellt im Rahmen einer *Mergers&Acquisitions-(M&A)*-Transaktion, d. h. dem Kauf, Verkauf und Zusammenschluss von Unternehmen oder Unternehmensanteilen, die letzte von drei Phasen dar. *M&A-Deals* ermöglichen Unternehmen ein schnelles anorganisches oder externes Wachstum. Allerdings wird mit M&A auch eine relativ hohe Misserfolgsquote verbunden. Ein Großteil der durchgeführten Transaktionen erfüllt die an sie gestellten Erwartungen lediglich teilweise oder gar nicht. Manche enden sogar desaströs und gefährden den Fortbestand des Käuferunternehmens (Borowicz, 2006; Voss & Müller-Stewens, 2006; Gerds, 2000; Müller-Stewens, Kunisch & Binder, 2016; Stich, von Busse & Kroemer, 2016).

Bei einer M&A-Transaktion beschreibt die PMI nach einer Vorfeld- und einer Transaktionsphase den dritten Abschnitt, die *Integrationsphase*. In der ersten Phase, der Vorfeldphase, wird die Basisstrategie durch eine Vorfeldsondierung festgelegt und eine Grobplanung der Transaktion erstellt. Darauf folgen in der Transaktionsphase die Detailbewertung, die konkreten Verhandlungen und die Unterzeichnung der Verträge sowie der Eigentumsübergang, das sogenannte *Closing*. In der dritten Phase, der Integrationsphase, erfolgt mit der PMI die organisatorische sowie die personelle und kulturelle Umsetzung und damit die unternehmensseitige Integration. Auch wenn in dieser Phase die strategischen und wirtschaftlichen Fragen längst geklärt sind, wird die PMI oftmals als die entscheidende Phase für Erfolg oder Misserfolg der Gesamttransaktion gesehen (Borowicz, 2006; Picot 2008; Müller-Stewens, 2016, 2010).

5.2 Ausgangsfall PMI und Eingangsanalyse

Beginnen wir mit der Ausgangssituation: Für die PMI eines Unternehmenszusammenschlusses zweier international als Wettbewerber tätiger Unternehmen während der Covid-19-Pandemie soll das begleitende Change Management aufgebaut werden. Beide Unternehmen sind erfolgreich, weisen eine gute Ertragskraft auf und haben eine starke Marktpositionierung. Sie haben ein ähnliches Geschäftsmodell, sind in den oberen Führungsebenen als Matrixorganisation aufgestellt, in den unteren Ebenen mit hierarchischen Strukturen organisiert und arbeiten zu einem Großteil crossfunktional in Kundenprojekten. Eine Analyse der Unternehmenskultur sowie der landestypischen kulturellen Aspekte erfolgte im Vorfeld zentral durch die internationalen Headquarter, ebenso die problem- und situationsorientierte Auftragsklärung (Kapitel 4.1.1).

Die Herleitung des adäquaten Change-Ansatzes für diese PMI erfolgt über den in den Kapiteln 4.1.3 bis 4.1.5 vorgestellten Weg:

- Ausgangssituation (Kontext über das Cynefin-Modell),
- Organisationsform,
- Arbeitsweise,
- Vorliegen oder Nichtvorliegen eines Zielbildes.

Diese wurden ausgewertet und dem passenden Ansatz im Change Management zugeordnet. Dafür wurde die in Tabelle 4 (Kapitel 4.1.6, Entscheidungsmatrix) vorgestellte Struktur angewendet, um die Weichen entsprechend zu stellen. Sie werden nachstehend erläutert sowie in Tabelle 6 zusammengefasst.

Erläuterung zur Auswahl des Change-Management-Ansatzes

Mit der Anwendung des Cynefin-Modells ergibt sich folgendes Bild: Es ist eine klare Zielsetzung – der Zusammenschluss – vorhanden, bei dem gemäß dem Cynefin-Modell Ursache-Wirkungs-Mechanismen greifen und faktenbasiertes Management erforderlich ist. Die Ursache-Wirkungs-Mechanismen sind jedoch nicht auf den ersten Blick klar ersichtlich (internationaler Merger, Unterschiedlichkeiten in den Ländern, starke Wettbewerber treffen aufeinander, Markt- und Kundenreaktionen noch nicht final absehbar) und bedürfen daher der Expertendiagnose (Feldkompetenz zu Branche, Kultur und internationalen M&A-Transaktionen) sowie neuer Ideen und Lösungsansätze – beispielsweise Synergien durch Integration der IT-Systeme, aber auch Personaleinsparungen bei doppelt besetzten Konzernfunktionen (Geschäftsleitung, Marketing, Controlling, HR), Entwicklung eines einheitlichen Kundenberatungsansatzes, Entscheidungskompetenzen und -prozesse, Zusammensetzung der neuen Unternehmensleitung, neue Chancen durch den Merger. Insgesamt sind die Faktoren vielschichtig. Dabei existieren mehrere richtige Antworten, wie der Merger umgesetzt und nachfolgend integriert werden kann. Obwohl es eine klare Beziehung zwischen Ursache und Wirkung (Folge) gibt, kann sie nicht jeder sehen. So gibt es mehrere Möglichkeiten, die neue Unternehmensleitung zu besetzen: eine Doppelspitze aus beiden bisherigen Unternehmensleitungen, eine einseitige Besetzung, um ein klares Zeichen zu setzen, wer die Federführung übernimmt oder eine externe (Teil-)Besetzung. Es gilt die unterschiedlichen Möglichkeiten zu erkennen, deren Auswirkungen zu analysieren, um dann entsprechend mit den Reaktionen von Beteiligten, Belegschaft, Kunde und Investoren umzugehen. Des Weiteren muss der Umgang mit unternehmenskulturellen Aspekten geklärt werden: Wird integriert oder eine neue gemeinsame Kultur geformt?

Die Diagnose ergibt Folgendes:

- Trotz der Auswirkungen durch die Covid-19-Pandemie können beide Unternehmen gute Finanzergebnisse aufweisen, sodass die Anforderung an die systematische Vorgehensweise durch wirtschaftliche Einflüsse nicht grundlegend beeinträchtigt erscheint. Ursache-Wirkungs-Mechanismen sind für Experten ersichtlich beziehungsweise ableitbar. In Tabelle 6 wurde daher unter Berücksichtigung vorstehender Erläuterung die **Ausgangssituation** *(Kontext)* nach dem Cynefin-Modell mit *kompliziert* (nicht komplex) bewertet.
- Die **Organisationsform** entspricht in beiden Unternehmen teilweise einer hierarchischen Organisationsaufstellung als auch einer Matrixorganisation. Die Change-Experten müssen für das Change-Konzept die Anforderungen sowohl aus stabilen Strukturen sowie aus einem Arbeiten in crossfunktionalen Projektteams berücksichtigen. Letzteres bedeutet, Personen aus mehreren Disziplinen arbeiten in Projektteams zusammen und bringen unterschiedliche Kompetenzen aus verschiedenen Fachrichtungen beziehungsweise Expertengebieten ein. Ein Beispiel: Produktion, Marketing und Vertrieb arbeiten gemeinsam in einem Kundengroßprojekt, obwohl sie entsprechend der Aufbauorganisation des Unternehmens in den drei genannten, unterschiedlichen Funktionsbereichen angesiedelt sind. Vereinzelt wird auch in agilen Entwicklungsteams gearbeitet. Die Organisationsform wurden daher in Tabelle 6 dem *weiterentwickelten Change Management* zugeordnet.
- Die entsprechende **Arbeitsweise** basiert auf der bereits ausgeführten Organisationsform sowie auf der Art der Planung, den vorhandenen Werten, der Führungskultur sowie der generellen Grundhaltung.

- Die **Planung** des Geschäftsbetriebes erfolgt zwar langfristig, ist jedoch aufgrund von Marktveränderungen und dem starken Digitalisierungsdruck aktuell kurz- bis mittelfristig orientiert. Demnach erfolgte auch die Eingruppierung in Tabelle 6 (*weiterentwickeltes Change Management*).
- Die **Werte** sind sowohl geprägt von Stabilität, Ordnung, Sicherheit (Historie der Unternehmen) sowie von Innovation, Offenheit und Mut, beispielsweise für die Umsetzung neuer Ideen und Konzepte. So erfolgte die Einstufung in Tabelle 6 als *Kombination aus beidem*.
- Die **Führung** wird aus einer Kombination von hierarchischem Führungsstil (Berichtslinie an den Vorgesetzten) sowie Selbstverantwortung und Vertrauen praktiziert. Geteilte Führung findet zu Teilen in der Matrixorganisation statt. Selbstorganisation (Kapitel 1.3) konnte nicht identifiziert werden. Daher wurde die Führung in Tabelle 6 ebenfalls dem *weiterentwickelten Change Management* zugeordnet.
- Die **Grundhaltung** im Unternehmen ist zwar keine strenge Kontrollkultur, aber auch kein ausschließliches Mindset von Befähigung, Vertrauen, Ermächtigung und Feedback, sondern eher ein Zwischenstatus. Daher wurde in Tabelle 6 mit einer Tendenz zu Selbstverantwortung und Vertrauen eine *Kombination aus beidem* festgehalten.

• Durch das **Ziel**, innerhalb der PMI den Zusammenschluss der beiden Unternehmen zu planen, umzusetzen und zu integrieren, steht die Zielsetzung fest. In Tabelle 6 wurde das Ziel daher als *vorhanden* dokumentiert und dem *klassischen herkömmlichen und weiterentwickelten Change Management* zugeordnet.

Ergebnis der Diagnose: In Gesamtbetrachtung der Analyse und der Zusammenfassung in Tabelle 6 sind *sowohl herkömmliches und weiterentwickeltes als auch agiles Change Management* erforderlich. Für die Auswahl der Elemente des zu gestaltenden Change-Konzeptes wird daher eine bewährte *klassische Grundstruktur* als Rahmenmodell ausgewählt sowie um weiterentwickelte und agile Change-Modelle und Interventionen ergänzt. Dies wird in Kapitel 5.2 weitergehend erläutert.

Merkmal	**Herkömmliches Change Management**	**Weiterentwickeltes Change Management**	**Agiles Change Management**
		Ausgangssituation	
Kontext	Einfach	**Kompliziert**	Komplex
		Organisationsform	
Aufbau- und Ablauforganisation	Stabile Strukturen, Abteilungen und Positionen im Organigramm	**Kombination aus stabilen Strukturen und Arbeiten in Projekten; teilweise Matrixorganisation**	Arbeiten in Projekten, crossfunktionale Teams mit agilen Rollen

Arbeitsweise			
Planung	Langfristige, detaillierte Planung	**Kurz- bis mittelfristige Planung**	Rückkoppelung, laufende Anpassung des Vorgehens
Werte	Stabilität, Ordnung, Sicherheit	**Kombination**	Innovation, Offenheit, Mut
Führung	Hierarchie	**Kombination**	Geteilte Führung/Verantwortung, Selbstorganisation
Grundhaltung	Eher Kontrolle	**Kombination**	Eher Befähigung, Vertrauen, Ermächtigung, Feedback
Zielsetzung			
	Vorhanden	**Vorhanden**	Offen

Tabelle 6: Analyse der Ausgangssituation des Praxisfalls PMI

5.3 Gestaltung des Change-Konzeptes

Für die PMI des Zusammenschlusses wird auf Basis der durchgeführten Analyse in Kapitel 5.2 das Acht-Stufen-Phasenmodell von Kotter ausgewählt, da es die Grundanforderungen des Ausgangsfalles als Rahmen beantwortet und entsprechende Struktur gibt. Als statisches Modell ist es jedoch nicht ausreichend, um den Anforderungen der Ausgangssituation, der Organisationsform und der Arbeitsweise gerecht zu werden. Daher sind Ergänzungen aus dem weiterentwickelten und agilen Change Management notwendig. So werden die Stufen des Rahmenmodells in ihrer Vollständigkeit sowie Reihenfolge beibehalten, jedoch folgende Anpassungen vorgenommen:

- Es erfolgen eine Ergänzung und Gestaltung aller Stufen mit weiterentwickelten sowie agilen Change-Management-Elementen.
- Die lokale Strategie zur Umsetzung wird in Stufe 3 des Acht-Stufen-Modells im Großgruppenformat unter Einbindung der Belegschaft erarbeitet.
- Zur Unterstützung des Gesamtprozesses wird ein paralleler Begleitprozess mit aktiver Führung, Kommunikation inklusive Interaktion aufgenommen (Berücksichtigung der Erkenntnisse aus den Studien in Kapitel 3.1). Das bedeutet, dass alle Führungskräfte eine aktive Coaching-Funktion haben und Mitarbeitende in ihrem Entwicklungsprozess, zum Beispiel die Entwicklung neuer notwendiger Kompetenzen (Selbstverantwortung, Konfliktlösungskompetenz), unterstützen.
- Für eine möglichst umfassende Change-Unterstützung übernehmen alle Führungskräfte (auch die untere Ebene) von Anfang an eine aktive Vorbildrolle.

- Kritische Themen werden von Mitarbeitenden eingebracht und in Projektgruppen lösungsorientiert bearbeitet (Bottom-up-Prozess, Partizipation), beispielsweise zur Definition von Arbeitsabläufen und -prozessen.
- Ein Kommunikationsplan soll verschiedene Kanäle und Interaktionsmöglichkeiten (Intranet, E-Mail, Unternehmens-Kommunikations-App auf Mobiltelefonen und privaten Endgeräten, Meetings, Austauschrunden) Top-down sowie Bottom-up berücksichtigen und für die zusammengeschlossene Gesamtorganisation Vernetzung ermöglichen.
- Informationen zum Stand des Change-Prozesses werden regelmäßig transparent aufgezeigt und es wird ein Soll-Ist-Abgleich im Intranet für alle zugänglich gemacht (Abb. 23).

Abb. 23: Soll-Ist-Abgleich im Change-Prozess

Die für den Ausgangsfall gewählten Methoden, Modelle und Interventionen werden als Auszug aus der Change Architektur in Abbildung 24 aufgezeigt.

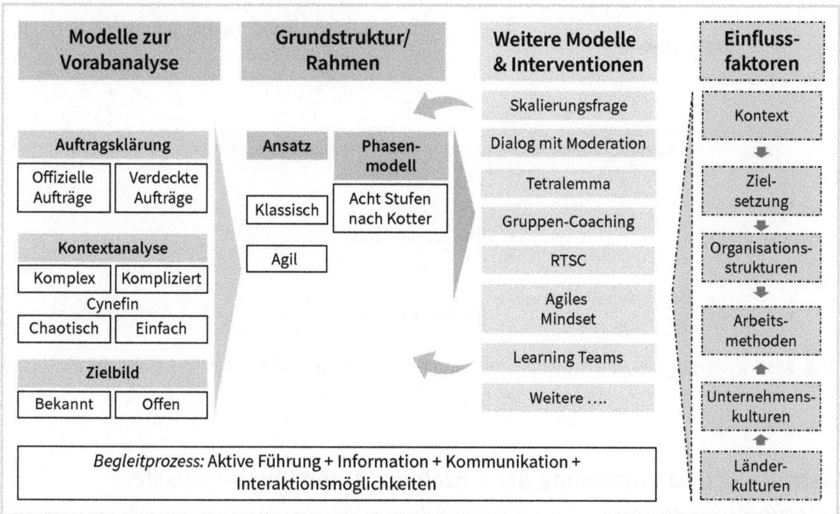

Abb. 24: Auszug aus der Change Architektur für den Praxisfall PMI

Für einen weitergehende Detaillierung wird das gewählte Phasenmodell von Kotter, welches den Rahmen bildet, mit den Ergänzungen je Stufe in Abbildung 25 dargestellt sowie nachfolgend ein Einblick in das Interventionsdesign gegeben. Aufgrund des Umfangs erfolgt dies lediglich als komprimierter Auszug.

Abb. 25: Erweiterung des Acht-Stufen-Modells von Kotter für den Praxisfall PMI (in Anlehnung an Kotter, 2011)

Gestaltung und Umsetzung der einzelnen Stufen (Auszug aus dem Interventionsdesign)

- **Stufe 1 – Dringlichkeitsgefühl erzeugen**
  - Interventionen: Reason Why, Fakten, Informationen, Emotionen
  - Erläuterungen: Um *Dringlichkeit* sowie *Notwendigkeit* des Zusammenschlusses konkret aufzuzeigen, zum persönlichen Empfinden der Beteiligten durchzudringen und vor allem mögliche (kollektive) Selbstgefälligkeit aufgrund der bisherigen Erfolge zu überwinden, sind Kommunikation und

Führung entscheidend. So sind das *Warum* sowie die Sinnhaftigkeit zu erläutern und die persönlichen Vorteile für die Betroffenen deutlich zu machen (Sinek, 2014) – beispielsweise die vorausschauende Sicherstellung von Zukunftsfähigkeit, Synergieeffekte durch Kosteneinsparung aus zukünftig einem IT-System sowie Investition der Einsparungen in die Weiterentwicklung der IT und des Mitarbeitenden-Know-how. Entscheidend ist, nicht nur informativ zu begründen, sondern die Belegschaft emotional zu erreichen und aufzuzeigen, inwiefern sie persönlich vom Zusammenschluss profitieren – beispielsweise die Zukunftssicherung durch Kostenoptimierung sowie Stärkung der Position im Wettbewerb zu gewährleisten und dadurch Arbeitsplätze zu sichern. Auch Entwicklungschancen für Personen, die ein neues, gemeinsames Unternehmensbild und -modell nach vorne bringen möchten, sind damit verbunden.

- **Stufe 2 – Führungskoalition aufbauen**
  - Interventionen: Skalierungsfrage, moderierter Dialog, Gruppen-Coaching
  - Erläuterungen: In Bezug auf die Change-Führungskoalition ist entscheidend, dass ihre Mitglieder neben Managementkompetenzen insbesondere starke Leadership-Talente aufweisen, aus beiden Unternehmensteilen stammen und in der jeweiligen Organisation über Reputation verfügen beziehungsweise sich diese im zusammengeschlossenen Unternehmen in der Gesamtheit erarbeiten können und geschlossen hinter der anstehenden Veränderung stehen. Dafür müssen vorab vorhandene Zweifel, Ängste und Sorgen ausgeräumt werden. Dies erfolgt mit zwei Interventionen: der *Skalierungsfrage* (De Shazer, 2014) sowie einem *offenen* und *moderierten Dialog.* Über die systemische Skalierungsfrage (Abb. 26) lassen sich sachliche Themen und Emotionen abfragen, denn die Ursache für Widerstand liegt meist in den Emotionen (Kapitel 1.3, Eisberg-Modell). Die Fragen können beispielsweise lauten: »Wie würden Sie [...] auf einer Skala von 1 bis 10 einordnen?« »Wie geht es Ihnen auf einer Skala von 1 bis 10 damit?«

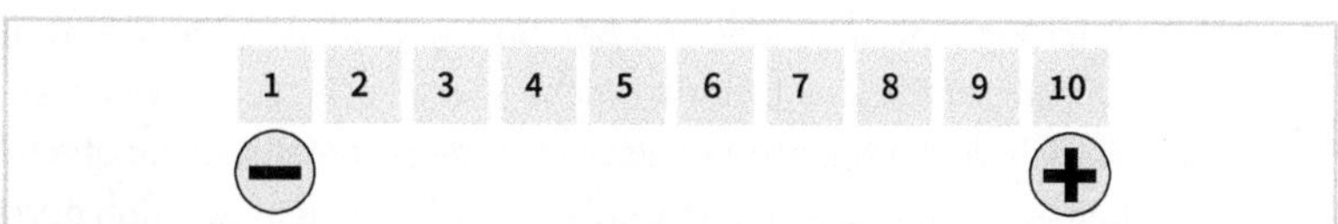

Abb. 26: Skalierungsfrage (in Anlehnung an De Shazer, 2014)

Im Verlauf der Veränderungsmaßnahme können auch tiefer liegende Blockaden auftreten. Um diese sichtbar zu machen und zu lösen, werden individuell gestaltete Dialog-Kommunikationsformate genutzt. Dabei wird vereinbart, dass offen und moderiert diskutiert wird, was je nach aufkommenden Themen auch in Richtung *Gruppen-Coaching* verlaufen kann.

- **Stufe 3 – Vision und Strategie entwickeln**
  - Interventionen: Sowohl-als-auch (Tetralemma), RTSC-Konferenz
  - Erläuterungen: Eine zukunftsfähige Vision ist richtungsweisend und elementar. Um an der Vision und den entsprechenden Umsetzungsstrategien zu arbeiten, werden weiterentwickelte klassische und agile Ansätze des Change Managements ergänzt, sodass Betroffene zu Beteiligten werden und in den Change-Prozess eingebunden sind. Mit einem *Sowohl-als-auch-Ansatz* wird die gedankliche Öffnung für neue Sichtweisen geschaffen sowie im Rahmen des *Strategieprozesses RTSC im Großgruppenformat* integriert.
  - Mit dem Grundverständnis aus dem Tetralemma-Modell (Kapitel 4.3.3) werden die beiden widersprüchlichen Gegenspieler »Abgrenzung vom Wettbewerber« versus »Kooperation durch Zusammenschluss« verbunden. Beispielsweise könnte diese Sowohl-als-auch-Lösung entstehen: Stärkung der Wettbewerbspositionierung durch den Zusammenschluss und Nutzung des Besten aus zwei Welten. Für die Entwicklung einer Strategie unter Einbindung aller Mitarbeitenden dient beim Strategieprozess RTSC (Kapitel 4.2.3) die bereits vorhandene Vision zum Zusammenschluss als Grundlage. Die lokalen Strategien, wie dies konkret erreicht werden soll, werden im Rahmen der RTSC-Konferenz aus der Mitte der Belegschaft entwickelt.
- **Stufe 4 – Vision des Wandels kommunizieren**
  - Interventionen: Kommunikation/Interaktion, Mitarbeitende stellen Ergebnisse aus der RTSC-Konferenz vor
  - Erläuterungen: Um die Vision des Wandels zu kommunizieren, erfolgt in Stufe 4 die Verbindung und Intensivierung der bereits im Begleitprozess integrierten Kommunikationsaktivitäten. Unter anderem werden die Ergebnisse der RTSC-Konferenz aus Stufe 3 von einzelnen Mitarbeitenden zur Vertiefung sowie zur positiven Emotionalisierung präsentiert und die Maßnahmen nochmals besprochen sowie das getroffene Commitment und die nächsten Schritte in den Mittelpunkt gestellt. Für den Zeitraum danach erfolgen in einer kommunizierten Systematik das regelmäßige Auffrischen und Wieder-in-Erinnerung-Rufen der Ergebnisse, Bilder und Emotionen. Einmal im Quartal treffen sich alle Führungskräfte des Unternehmens sowie zusätzlich in weiteren Treffen halbjährlich die komplette Belegschaft, gegebenenfalls auch aufgeteilt nach Geschäftseinheiten. Zielsetzung ist, eine nachhaltige Integration durch regelmäßige Top-down- und Bottom-up-Kommunikation und Interaktion zu erreichen. Dies kann in Präsenz sowie online erfolgen.
- **Stufe 5 – Mitarbeitende befähigen**
  - Interventionen: Coaching durch Führungskräfte, agile Ansätze, Impulsvorträge, Learning-Teams/Tandems
  - Erläuterungen: Um Mitarbeitende zu befähigen, sollen Hindernisse beseitigt sowie Systeme und Strukturen verbessert werden, sofern sie nicht der Vision des Wandels entsprechen. Risikobereitschaft soll ermöglicht werden. Zudem soll zu

ungewöhnlichen Ideen, Aktivitäten und Handlungen ermutigt werden. Dies erfolgt über unterstützendes Coaching durch alle Führungskräfte sowie durch die Intensivierung von agilem Denken und Handeln. So erfolgt in arbeitsalltäglichen Situationen kontinuierliches Lernen. Ebenso soll dies durch entsprechende Impulsvorträge und Learning-Teams oder Learning-Tandems ergänzt werden, in denen Mitarbeitende ihr Know-how teilen und sich gegenseitig unterstützen.

- **Stufe 6 – schnelle Erfolge erzielen**
  - Interventionen: Überprüfung der Ergebnisse, Erfolgsschritte feiern, Umfragen, Skalierungsfrage
  - Erläuterungen: Um schnell erste, auch kleine Erfolge sichtbar zu machen, müssen die einzelnen Projekte und Schritte geplant sowie dokumentiert werden, sodass ein Fortschritt tatsächlich als solcher wahrgenommen werden kann. Dies erfolgt per regelmäßiger, strukturierter Überprüfung zum Stand sowie zum Erreichungsgrad. Auch Einzelschritte zählen als Erfolge. Ein wichtiges Element besteht in der Vorstellung der Ergebnisse durch Mitarbeitende sowie dem Feiern der Erfolge. Dies wird ergänzt durch Umfragen zu Projektständen und der emotionalen Wahrnehmung des Zusammenwachsens. Die Skalierungsfrage verbunden mit den Ergebnissen der RTSC-Konferenz der Stufe 3 kommt ebenfalls zur Anwendung.
- **Stufe 7 – Erfolge konsolidieren, weitere Veränderungen einleiten**
  - Interventionen: Lessons Learned, Anreize schaffen
  - Erläuterungen: Erfolge müssen nicht nur sichtbar gemacht, sondern auch resultierende Lernerfolge auf weitere Veränderungen angewendet werden. Dies gilt es, durch Kommunikation im Bewusstsein der Belegschaft zu halten. Dafür wird gezielt an der positiven Energie der bisherigen Erfolgserlebnisse angeknüpft. In den Zielvereinbarungen werden changerelevante Anreize aufgenommen. Des Weiteren werden alle Systeme, Strukturen und Verfahren verändert oder angepasst, die in der neuen Organisation hinderlich sind und bisher noch nicht verändert wurden.
- **Stufe 8 – neue Ansätze in der Kultur verankern**
  - Interventionen: Innovationskraft sichern, Mentoring, Harmonisierung von Regelungen
  - Erläuterungen: Innovative Verbesserungen und neue, lösungsorientierte Denkweisen müssen nachhaltig sichergestellt werden. Dafür bedarf es unter anderem einer Verankerung in der Kultur. So werden die positiven und innovativen Resultate des Change-Prozesses übernommen, gepflegt und kultiviert, um eine kulturelle Veränderung zu unterstützen. Alle Führungskräfte sind als Vorbilder gefragt, um Innovationskraft sowie Innovationskultur aufrechtzuerhalten. Regelmäßiger Austausch und gemeinsame Projekte können diese ebenso fördern wie Mentoring und die Harmonisierung und Anpassung von Regelungen, beispielsweise Betriebsvereinbarungen. All das soll dazu beitragen, dass eine gemeinsame Kultur entstehen kann.

5.4 Projektplan

Die vorgestellten Stufen und Interventionen der Change-Struktur werden anschließend in einem Projektplan (Kapitel 3.4) umgesetzt. Der Zeitplan beginnt mit *Day One* als Tag des finalen vertraglichen Zusammenschlusses. Allerdings sind auch schon im Vorfeld vorbereitende Tätigkeiten und vor allem Kommunikation – vorbehaltlich des vertraglichen Closings – relevant. Der Kernplan umfasst 18 Monate. Die einzelnen Stufen werden analog des Acht-Stufen-Modells nach Kotter nacheinander begonnen zu durchlaufen. Einzelne Stufen mit ihren Interventionen werden direkt weitergeführt, sodass sie mit der nächsten Stufe parallel ablaufen. Die nachhaltige Integration und Kulturveränderung (Stufen 7 und 8) bedürfen einer über die Maßnahmen des Kernplans hinausgehenden mittel- bis langfristigen Planung und Erfolgsprüfung. Der Begleitprozess erfolgt durchgängig.

6 Praktische Tipps im Überblick

Abschließend werden die wichtigsten Praxistipps für wesentliche Erfolge im Change Management noch einmal zusammengefasst.

Herausforderungen heute und morgen

- Veränderungen laufen parallel, zeitversetzt und ineinandergreifend ab.
- Jegliches Agieren, Reagieren, Interagieren und Dulden sowie Sanktionieren der Unternehmensleitung kann sich auf die Unternehmenskultur auswirken.
- Ängste, Befürchtungen und Überforderung können zu Widerstand führen.
- Widerstand im Change ist normal und zeigt vor allem auf, dass eine Situation, eine Person oder eine Gruppe besonderer Aufmerksamkeit und einer Lösung bedarf.
- Das bewusste Arbeiten mit *Erfolgsfaktoren* des Change Managements kann dabei helfen, die Herausforderungen zu meistern und positiv zu nutzen.

Erfolgsfaktor Führung

- Führungskräfte benötigen soziale Kompetenz, Visionskraft und ebenso wie die Mitarbeitenden die Bereitschaft, die eigene Komfortzone zu verlassen. Ihre Vorbildfunktion hat entscheidende Wirkung im Unternehmen.
- Die untere Führungsebene ist aufgrund der Nähe zu den Mitarbeitenden ein wichtiger Erfolgshelfer in Veränderungsprojekten.
- Jeder Mensch hat sein eigenes Modell der Welt. Die entsprechende individuelle Möglichkeitenlandkarte ist von der persönlichen Wahrnehmung abhängig und kann beispielsweise durch Perspektivenwechsel verändert werden.
- Ziele des Change Managements sollen so weit wie möglich in die persönlichen Zielvereinbarungen aufgenommen werden.

Erfolgsfaktor Kommunikation

- Zwei-Wege-Kommunikation ist wirkungsvoller als Einweg-Kommunikation, da sie Information und Dialog verbindet.
- Eine angemessene Kommunikationsstrategie sorgt für Klarheit und Transparenz. Sie reduziert den Spielraum für Fehlinterpretationen sowie Spekulationen.
- Die Qualität von Kommunikation kann daran gemessen werden, wie verständlich sie für die Empfänger wirkt.
- Ein zielgruppenspezifischer Kommunikationsmix unterstützt den Informationstransfer.

Erfolgsfaktor Prozess

- Unternehmen funktionieren als Systeme mit Aktion, Reaktion und Interaktion.
- Auch bei Zeitknappheit im Change muss eine gründliche Analyse der Ausgangssituationen vorgenommen und die Umsetzung geplant werden.

- Ansätze, Methoden sowie Interventionen des Change Managements müssen der Zielsetzung folgen.
- Nach Abschluss der kurzfristigen Maßnahmen muss auch mittel- und langfristig eine aktive Begleitung der Kulturentwicklung erfolgen.

Erfolgsfaktor Partizipation

- Die Einbindung der Mitarbeitenden erhöht die Akzeptanz für eine Veränderung und kann Widerstand reduzieren.
- Top-down- sowie Bottom-up-Vorgehen zu kombinieren, ist oftmals eine sinnvolle Vorgehensweise.
- Partizipation der Mitarbeitenden erfordert deren Bereitschaft – nicht jeder möchte mitbestimmen.
- Selbstorganisation bedarf bei den Beteiligten der relevanten Kenntnisse und Kompetenzen, bevor Aufgaben sowie Verantwortung auf sie übertragen werden. Sie fördert Eigenmotivation und bedeutet ein Höchstmaß an Partizipation.

Erfolgsfaktor Befähigung

- Relevante personale Kompetenzen und Methodenkompetenzen sind in Veränderungssituationen grundlegend wichtig. Führungskräfte sowie Multiplikatoren benötigen vor allem Kommunikationskompetenz.
- Diversity Management kann Veränderungsfähigkeit unterstützen, indem gelernt wird, mit Vielfalt, Unbekanntem und anderen Sichtweisen umzugehen.
- Mitarbeitende mit Coaching durch Führungskräfte zu begleiten, kann zur beidseitigen Potenzialentwicklung beitragen.
- Die adäquaten Umfeldbedingungen für einen reibungslosen Arbeitsablauf zu schaffen, fördert die Motivation.

Schlusswort

Zukunftsfähige Unternehmen zeichnen sich durch verantwortungsbewusste Unternehmensführung und gesunde Unternehmenskulturen aus, deren Teams positiv interagieren und deren Beteiligte selbstverantwortlich denken und handeln. Der Weg dorthin bedarf innovativer sowie mutiger Veränderungen mit professioneller Change-Management-Begleitung.

Um die neuen Pfade möglichst gut geleitet beschreiten zu können, sind vorausschauende Planung, Konzentration, Aufmerksamkeit und Geduld notwendig – denn gerade kulturelle Veränderungen benötigen Zeit, um flächendeckend akzeptiert, integriert sowie umgesetzt zu werden. Nicht zuletzt geht es bei alledem auch darum, Arbeitsumgebungen und -atmosphären zu schaffen, in denen die handelnden Menschen ihren Arbeitsbeitrag mit Freude und Motivation leisten. Dadurch kann aus Unternehmenssicht langfristige Wertschöpfung entstehen.

So begann und so endet dieses Buch mit dem Vorschlag für ein gemeinsames Zukunftsbild.

> **Vision für ein starkes Change Management**
>
> Lassen Sie uns Veränderungen als Herausforderungen und Chancen verstehen, um mit und an ihnen zu wachsen, zu lernen und mit Begeisterung und Kreativität die Zukunftsfähigkeit von Unternehmen zu gestalten sowie weiterzuentwickeln. Führen und begleiten wir die Beteiligten souverän und empathisch durch die Veränderungen, um bei und mit ihnen die diesbezügliche Motivation sowie den notwendigen Mut zu entwickeln. Lassen Sie uns ein Leuchtturm für Transformation sein, an dem sich alle Beteiligten orientieren können, um erfolgreich und mit Freude durch den Wandel navigieren zu können.

Literatur

Appelbaum, S. H., Habashy, S., Malo, J. L., Shafiq, H. (2012). Back to the future: revisiting Kotter's 1996 change model. Journal of Management Development.

Baetge, J., Schewe, G., Schulz, R. Solmecke, H. (2007). »Unternehmenskultur und Unternehmenserfolg: Stand der empirischen Forschung und Konsequenzen für die Entwicklung eines Messkonzeptes.« In: Journal für Betriebswirtschaft, 57. Jg., S. 183–219.

Beck, D. E., Cowan, C. C. (2021). Spiral dynamics: Leadership, Werte und Wandel. 21. Auflage. Bielefeld: Kamphausen.

Beck, K., Beedle, M., Van Bennekum, A., Cockburn, A., Cunningham, W., Fowler, M. et al. (2001). Manifesto for agile software development, http://agilemanifesto.org/, abgerufen am 29.8.2022.

Bergmann, F. (2005). Die Freiheit leben. Arbor-Verlag.

Bergmann, F. (2019). New work new culture: Work we want and a culture that strengthens us. John Hunt Publishing.

Bohn, U., Crummenerl, C. (2015). Superkräfte oder Superteam. Wie Führungskräfte ihre Welt wirklich verändern können. Change Management Studie 2015, https://www.capgemini.com/consulting-de/wp-content/uploads/sites/32/2017/08/change-management-studie-2015_5.pdf, abgerufen am 25.08.2022.

Borgert, S. (2013). Resilienz im Projektmanagement. Bitte anschnallen, Turbulenzen! Erfolgskonzepte adaptiver Projekte. Wiesbaden: Springer Gabler.

Borowicz, F. (2006). Wenn gute Manager schlechte Unternehmen kaufen – Interessenkonflikte und deren Management bei Akquisitionen. In Keuper, F., Häfner, M., Glahn, C. (Hrsg.). Der M & A-Prozess. Konzepte, Ansätze und Strategien für die Pre- und Post-Phase, S. 33–60. Wiesbaden: Gabler GWV.

Buurtzorg (2022). A pioneering healthcare organisation. https://www.buurtzorg.com/about-us/, abgerufen am 10.09.2022.

Cranach, M. von (1996). Toward a theory of the acting group. In Witte E., Davis, J. H. (Hrsg.), Understanding group behavior, S. 147–187. Hillsdale, NJ: Lawrence Erlbaum.

Cranach, M. von (2018). Toward a theory of the acting group. In Understanding group behavior, S. 147–187. East Sussex, GB: Psychology Press.

Dannemiller, K. D. (1988). Teambuilding at a Macro Level, or BenGay for Arthritic Organizations. WB Reddy, K. Jamison (red.). Teambuilding: Blueprints for Productivity and Satisfaction, Virginia NTL Institute, Alexandria.

Dauth, G. (2012). Führen mit dem DISG-Persönlichkeitsprofil: DISG-Wissen Mitarbeiterführung. Offenbach: GABAL.

De Shazer, S. (2014). Wege der erfolgreichen Kurztherapie. 12. Auflage. Stuttgart: Klett-Cotta.

Diekmann, A. (2004). Empirische Sozialforschung: Grundlagen, Methoden, Anwendungen. Reinbek: Rowohlt.

Doran, G. T. (1981). There's a SMART way to write management's goals and objectives. Management review, 70(11), S. 35–36.

Döring, N., Bortz, J. (2016). Forschungsmethoden und Evaluation. 5. vollständig überarbeitete, aktualisierte und erweiterte Auflage. Berlin: Springer.

Doppler, K., Lauterburg, C. (2019). Change Management. 13. Auflage. Frankfurt, New York: Campus Verlag.

Erpenbeck, J. (1996). Synergetik, Wille, Wert und Kompetenz. In: Ethik und Sozialwissenschaften 7 (4). Stuttgart: Lucius.

Erpenbeck, J. (2012). Kompetenz. Festschrift Prof. Dr. John Erpenbeck zum 70. Geburtstag. In W. Faix (Hrsg.), Was »sind« Kompetenzen? S. 1–57. Stuttgart: Steinbeis.

Erpenbeck, J., Hasebrook, J. (2012). Kompetenz. Festschrift Prof. Dr. John Erpenbeck zum 70. Geburtstag. In: W. Faix (Hrsg.), Sind Kompetenzen Persönlichkeitseigenschaften, S. 59–92. Stuttgart: Steinbeis.

Erpenbeck, J., Heyse V. (2007). Die Kompetenzbiografie. Wege der Kompetenzentwicklung. 2. Auflage. Münster: Waxmann.

Erpenbeck, J., von Rosenstiel, L., Grote, S., Sauter, W. (2017). Handbuch Kompetenzmessung. 3. überarbeitete erweiterte Auflage. Stuttgart: Schäffer-Poeschel.

Ganz, W., Graf, N. (Hrsg.) (2007). Leitbilder – gelebte Werte oder nur Worte? Stuttgart: Fraunhofer IRB.

Gardenswartz, L., Cherbosque, J., Rowe, A. (2010). Emotional Intelligence and Diversity: A Model for Differences in the Workplace. Journal of Psychological Issues in Organizational Culture, 1(1), S. 74–84.

Gerds, J. (2000). Post-Merger-Integration. Eine empirische Untersuchung zum Integrationsmanagement. Wiesbaden: Gabler.

Gerpott, T. J. (1993). Integrationsgestaltung und Erfolg von Unternehmensakquisitionen. Stuttgart: Schäffer-Poeschel.

Gläser, J., Laudel, G. (2010). Experteninterviews und qualitative Inhaltsanalyse: als Instrumente rekonstruierender Untersuchungen. 4. überarbeitete Auflage. Wiesbaden: Springer VS.

Gordon T. (2005). Managerkonferenz. Effektives Führungstraining. 22. Auflage. München: Heyne.

Grabow, S. A., Heskin, A. (1973) Foundations for a Radical Concept of Planning, Journal of the American Institute of Planners, 39:2, S. 106–114.

Graves, C. W. (1970). Levels of existence: An open system theory of values. Journal of humanistic psychology, 10(2), S. 131–155.

Graves, C. W. (1974). Human nature prepares for a momentous leap. The futurist, 8(2), S. 72–85.

Greif, S., Runde, B., Seeberg, I. (2004). Erfolge und Misserfolge beim Change Management. Göttingen: Hogrefe.

Greif, S. (2005). Mehrebenen-Coaching von Individuen, Gruppen und Organisationen. Eine umfassende und genaue Definition von Coaching als Förderung der Selbstreflexion, http://www.home.uni-osnabrueck.de/sgreif/downloads/Mehrebenencoaching.pdf, abgerufen am 03.07.2021.

Greiner, L. (1972). Evolutionary or revolutionary change. Harvard Business Review, S. 37–46.

Gupta, P. (2011). Leading Innovation Change – The Kotter Way. International Journal of Innovation Science. DOI: 10.1260/1757-2223.3.3.141.

Hauser, F., Schubert, A., Aicher, M., Fischer, L., Wegera, K., Erne, C., Böth, I. (2008). Unternehmenskultur, Arbeitsqualität und Mitarbeiterengagement in den Unternehmen in Deutschland: Abschlussbericht Forschungsprojekt Nr. 18/05; ein Forschungsprojekt des Bundesministeriums für Arbeit und Soziales.

Hermann, A., Zimmermann, T. (2020). Stepstone Report Arbeitgeber-Attraktivität, https://www.stepstone.de/e-recruiting/arbeitgeberattraktivitat, abgerufen am 21.09.2022.

Hicks, M. D., Peterson, D. B. (1999a). The development pipeline. Knowledge Management Review, S. 30-33.

Hicks, M. D., Peterson, D. B. (1999b). Leaders coaching across borders. Advances in global leadership, 1, S. 297-315.

Hofert, S., Thonet, C. (2019). Der agile Kulturwandel. Wiesbaden: Springer Gabler.

Jacobs, R. W. (1994). Real Time Strategic Change: How to Involve an Entire Organization in Fast and Far-reaching Change. Oakland: Berrett-Koehler.

Janssen, B. (2016). Die stille Revolution: Führen mit Sinn und Menschlichkeit. München: Ariston.

Janssen, B., (2021). Eine Frage der Haltung. München: Ariston.

Kaudela-Baum, S., Altherr, M. (2020). Freiheiten bewusst organisieren – oder: Wie führe ich eine Organisation in die Selbstorganisation? Ansatzpunkte autonomiefördernder Führung. In: Der Mensch in der Selbstorganisation, S. 125–141. Wiesbaden: Springer Gabler.

Kindler, H. S. (1979). Two planning strategies: Incremental change and transformational change. Group & Organization Studies, 4(4), S. 476–484.

Köbler, R. (2009). Neue Wege im Recruiting: mehr Effektivität mit Gravesmodell und Metaprogrammen; ein praxisorientiertes Handbuch. Paderborn: Junfermann.

Königswieser, R., Exner, A. (2019). Systemische Intervention: Architekturen und Designs für Berater und Veränderungsmanager. 9. Auflage. Stuttgart: Schäffer-Poeschel.

Königswieser, R., & Hillebrand, M. (2019). Einführung in die systemische Organisationsberatung. 10. Auflage. Carl-Auer.

Kotter, J. P. (2011). Leading change: Wie Sie Ihr Unternehmen in acht Schritten erfolgreich verändern. München: Vahlen.

Kotter, J. P. (2015). Accelerate: Strategischen Herausforderungen schnell, agil und kreativ begegnen. München: Vahlen.

Kozica, A. (2017). Paradoxien in Organisationen: theoretische Einführung und praktische Konsequenzen. Zfo Zeitschrift Führung + Organisation 83 (6), S. 379–385.

Kübler-Ross, E. (1973). On death and dying. London: Routledge.

Kübler-Ross, E. (2015). Was der Tod uns lehren kann. Knaur Taschenbuchverlag.

Kühl, S. (2011). Organisationen: eine sehr kurze Einführung. Wiesbaden: Springer VS.

Langmaack, B. (2011). Einführung in die Themenzentrierte Interaktion. 5. vollständig überarbeitete Auflage. Basel: Beltz.

Laloux, F. (2015). Reinventing organizations: ein Leitfaden zur Gestaltung sinnstiftender Formen der Zusammenarbeit. München: Vahlen.

Laloux, F. (2019). New Work Experience 2019. New Work – Beyond the Hype, https://www.youtube.com/watch?v=UatscqESZx0, abgerufen am 21.09.2022.

Levy, A., Merry, U. (1986). Organizational transformation: Approaches, strategies, theories. Westport, Connecticut: Greenwood.

Lewin, K. (1947), Group decision and social change, Readings in Social Psychology, Vol. 3, S. 459–473.

Lips, R. (2012). Kommunikation in Change Prozessen – Möglichkeiten und Grenzen, in: Große Peclum, K. H., Krebber, M., Lips, R. (Hrsg.). Erfolgreiches Change Management in der Post Merger Integration, S. 265–284. Wiesbaden: Gabler.

Mayring, P. (1991). Qualitative Inhaltsanalyse. In: Flick, U., von Kardoff, E., Keupp, H., von Rosenstiel, L. & Wolff, S. (Hrsg.), Handbuch qualitative Forschung: Grundlagen, Konzepte, Methoden und Anwendungen (S. 209–213). München: Beltz.

Mayring, P. (1994). Qualitative Inhaltsanalyse. In A. Boehm, A. Mengel & T. Muhr (Hrsg.), Texte verstehen: Konzepte, Methoden, Werkzeuge (S. 159–175). Konstanz: UVK Univ.-Verl. Konstanz, https://nbn-resolving.org/urn:nbn:de:0168-ssoar-14565, abgerufen am 21.09.2022.

Mayring, P. (2015). Qualitative Inhaltsanalyse. Grundlagen und Techniken (12., überarbeitete Auflage). Weinheim, Basel: Beltz.

McCrindle, M., & Wolfinger, E. (2009). The ABC of XYZ: Understanding the global generations. Sydney: UNSW Press.

Mento, A., Jones, R., Dirndorfer, W. (2002). A change management process: Grounded in both theory and practice. Journal of Change Management, 3/1, S. 45–59.

Mohr, N., Woehe, J. M. (1998), Diebold: Widerstand erfolgreich managen. Professionelle Kommunikation in Veränderungsprozessen. Campus.

Müller-Stewens, G., Kunisch, S., Binder, A. (Hrsg.), (2016). Mergers & Acquisitions: Handbuch für Strategen, Analysten, Berater und Juristen. Stuttgart: Schäffer-Poeschel.

Müller-Stewens, G., Lechner, C. (2016). Strategisches Management: Wie strategische Initiativen zum Wandel führen. 5. Auflage. Stuttgart: Schäffer-Poeschel.

O'Connor J., Seymor, J. (2013). Neurolinguistisches Programmieren: Gelungene Kommunikation und persönliche Entfaltung. 21. Auflage. Kirchzarten: VAK.

Oesterreich, B., Schröder, C. (2020). Agile Organisationsentwicklung. Handbuch zum Aufbau anpassungsfähiger Organisationen. München: Vahlen.

Permantier, M. (2019). Haltung entscheidet: Führung & Unternehmenskultur zukunftsfähig gestalten. München: Vahlen.

Peterson, D. B. (2007). Executive coaching in a cross-cultural context. Consulting Psychology Journal: Practice and Research, 59(4), S. 261.

Pfläging, N. (2019). Organisation für Komplexität: Wie Arbeit wieder lebendig wird – und Höchstleistung entsteht. München: Redline Wirtschaft.

Robbins, S. P. (2003). Organizational Behavior. (10th ed). New Jersey: Prentice Hall.

Picot, G. (2008). Das vorvertragliche Verhandlungsstadium bei der Durchführung von Mergers & Acquisitions. In Picot, G. (Hrsg.)., Handbuch Mergers & Acquisitions, Planung – Durchführung – Integration, S. 156–205. 4. Auflage. Stuttgart: Schäffer-Poeschel.

Poppelreuter, S. (2012). »Damit der Ruf nicht ruiniert wird «–Veränderungsprozesse im Reputation Management erfolgreich gestalten. In: Corporate Reputation Management, S. 135–145. Wiesbaden: Springer.

Raineri, A. B. (2011). Change management practices: Impact on perceived change results. Journal of Business Research, 64(3), S. 266–272.

Roth, H. (1971). Pädagogische Anthropologie. Bd. II Entwicklung und Erziehung. Hannover.

Sackmann, S. (2004). Erfolgsfaktor Unternehmenskultur. Mit kulturbewusstem Management Unternehmensziele erreichen und Identifikation schaffen. Wiesbaden: Gabler.

Schad, J., Lewis, M. W., Raisch, S., Smith, W. K. (2016). Paradox research in management science: Looking back to move forward. Academy of Management Annals, 10(1), S. 5–64.

Schein, E. H. (1984). Coming to a new awareness of organizational culture. In: Sloan Management Review. No. 25, 2/1984, S. 3–16.

Schein, E. H. (2000). Prozessberatung für die Organisationen der Zukunft. Der Aufbau einer helfenden Beziehung. Köln: EHP.

Scheller, T. (2017). Auf dem Weg zur agilen Organisation: Wie Sie Ihr Unternehmen dynamischer, flexibler und leistungsfähiger gestalten. München: Vahlen.

Schmidt, S., & Janzon, M. (2020). Der Organisations-Shift: Evolution und Transformation Ihres Unternehmens. Stuttgart: Schäffer-Poeschel.

Schreyögg, G. (1999). Organisationsentwicklung–quo vadis. Organisationsentwicklung, 18(3), S. 76–79.

Seliger, R. (2020). Einführung in Großgruppen-Methoden. Heidelberg: Carl-Auer.

Sheldon, A. (1980). Organizational paradigms: A theory of organizational change. Organizational Dynamics, 8(3), S. 61–80.

Simon, F. B. (2014). Einführung in die systemische Organisationstheorie. Heidelberg: Carl-Auer.

Sinek, S. (2020). Frag immer erst: warum: Wie Top-Firmen und Führungskräfte zum Erfolg inspirieren. 8. Auflage. München: Redline Wirtschaft.

Snowden, D. J., Boone, M. E. (2007). A leader's framework for decision making. Harvard business review, 85(11).

Snowden, D., Stanbridge, P. (2004). The landscape of management: Creating the context for understanding social complexity. Emergence-Mahwah-Lawrende Erlbaum, 6(1/2).

Sobanski (2020a). Vortrag – Agile Transformation am 10.09.2020, Ausbildung systemische Beratung. Stuttgart: Team P.

Sobanski (2020b). Fallstudie – Tetralemma und Harvard-Konzept am 01.07.2020, Ausbildung systemische Beratung, Stuttgart: Team P.

Sparrer, I., Varga von Kibéd, M. (2000). Ganz im Gegenteil. Tetralemmaarbeit und andere Grundformen Systemischer Strukturaufstellungen – für Querdenker und solche, die es werden wollen. Heidelberg: Carl-Auer.

Stich, C., von Busse, C., Kroemer, H. (2016). PMI im Mittelstand – Erfolgreiche Integration mit begrenzten Ressourcen. In M&A Review, 10/2016, S. 346–353.

Stolzenberg, K., Heberle, K. (2021). Visionsumsetzung. In Change Management, S. 69–101. Berlin: Springer.

Streich, R. K., (1997). Veränderungsprozessmanagement. In: Reiß, M., von Rosenstiel, L., Lanz, A. (Hrsg.). Change Management: Programme, Projekte und Prozesse, 1, S. 237–254. Stuttgart: Schäffer-Poeschel.

Strikker, H., Kesseler, F. P., Strikker, F. (2014). Empowerment fördern, neue Firmenkultur etablieren, Nachhaltigkeit sichern. Organisationsberatung, Supervision, Coaching, 21(2), S. 205–217.

Vahs, D. & Weiand, A. (2020). Workbook Change Management: Methoden und Techniken von Dietmar Vahs. 3. Auflage. Stuttgart: Schäffer-Poeschel.

von Rosenstiel, L. (2015). Motivation im Betrieb: mit Fallstudien aus der Praxis. 11. überarbeitete und erweiterte Auflage. Wiesbaden: Springer Gabler.

von Schlippe, A. (1996). Das »Auftragskarussell« – Eine Möglichkeit der Selbstsupervision in der systemischen Therapie und Beratung Arist von Schlippe, Jürgen Kriz, Osnabrück. System Familie, 9(3), S. 106–110.

von Schlippe, A. (2006). Das Auftragskarussell. In: Fliegel, S., Kämmerer, A. (Hrsg.), Psychotherapeutische Schätze , S. 30–36. Tübingen: dgvt.

Voss, I., Müller-Stewens, G. (2006). Strategische M&A-Kompetenz im Rahmen von Akquisitionsstrategien. Komponenten, Erfolgsfaktoren und Aufbau. In: Keuper, F., Häfner, M., Glahn, C. (Hrsg.). Der M&A-Prozess. Konzepte, Ansätze und Strategien für die Pre- und Post-Phase, S. 3–32. Wiesbaden: Gabler.

Watzlawick, P., Beavin, J. H., Jackson, D. D. (2000). Menschliche Kommunikation: Formen, Störungen, Paradoxien. 10. Auflage. Bern: Huber.

Watzlawick, P., Weakland, J. H., Fisch, R. (2011). Change: Principles of problem formation and problem resolution. WW Norton & Company.

Weisbord, M. R. (1992). Discovering common ground. Oakland: Berrett-Koehler.

Weisbord, M. R., Weisbord, M., Janoff, S. (2000). Future search: An action guide to finding common ground in organizations and communities. Oakland: Berrett-Koehler.

Weisbord, M., Janoff, S. (2008). Future search – die Zukunftskonferenz: Wie Organisationen zu Zielsetzungen und gemeinsamem Handeln finden. Klett-Cotta.

Werther, S., Jacobs, C., Brodbeck, F. C., Kirchler, E., Woschée, R. (2014). Organisationsentwicklung – Freude am Change. Berlin, Heidelberg: Springer.

Wolf, G. (2020). Mitarbeiterbindung – inkl. Arbeitshilfen Online: Strategie und Umsetzung im Unternehmen. 4. Auflage. Freiburg: Haufe-Lexware.

zur Bonsen, M. (1995). Simultaneous Change – Schneller Wandel mit großen Gruppen. Organisationsentwicklung, 4, S. 30–43.

zur Bonsen, M. (2009). Die visionäre Energie bei Mitarbeitenden in Unternehmen freisetzen. Visionsforum 2009: Visionsarbeit und soziale Wirtschaft. In Krisenzeiten erst recht! Küssnacht: Visions Forum Schweiz.

zur Bonsen, M., Bauer, P. (2008). Real time strategic change: schneller Wandel mit großen Gruppen. Klett-Cotta.

Anhang

Ausgewählte Change-Management-Studien (Kapitel 3.2)

Nr.	Jahr	Stichprobe	Autor	Studientitel
1	2020	62	Fink, Lindner, Schönfeldt, König & Jung (Horváth & Partner GmbH)	Change Management: Der Mensch im Mittelpunkt der digitalen Transformation
2	2019	66	Wikopreventk & SRH Fernhochschule Riedlingen	Trendstudie 2019: Die Change-Kompetenz der regionalen Champions aus der Perspektive des Managements
3	2015	179	Bohn & Crummenerl (Capgemini Consulting)	Superkräfte oder Superteam? Wie Führungskräfte ihre Welt wirklich verändern können. Change Management Studie 2015
4	2012	131	Keicher et al. (Capgemini Consulting)	Change Management Studie 2012: Digitale Revolution. Ist Change Management mutig genug für die Zukunft?
5	2012	1.400	Mercuri Urval	Mercurci Urval Insight Studie 2012 – Change & Productivity in Europe
6	2012	68	Lohmann & Bosch (PwC)	Return on Change. Strategische Perspektive.
7	2012	354	Mollbach & Bergstein (Kienbaum)	Change. Points of View. Change-Management-Studie 2011–2012
8	2010	116	Claßen & Von Kyaw (Capgemini Consulting)	Change Management Studie 2010: Business Transformation – Veränderungen erfolgreich gestalten
9	2010	100	Sedlacek	Change Management – Veränderungsprozesse aus der Sicht des Personalmanagements
10	2010	91	Schwierz & Ingerfeld (IFOK GmbH)	Erfolgsfaktor Change Communication – zwischen Wunsch und Wirklichkeit

Vergleich Phasenmodelle (Kapitel 4.2.2)

ACMP (2014), Standard for change management, www.acmpglobal.org/page/the_standard, abgerufen am 12.12.2020.

Armenakis, A. A., Bedeian, A. G.. (1999). Organizational change: A review of theory and research in the 1990s. Journal of management, 25(3), S. 293–315.

Bergmann, R., Garrecht, M. (2008). Organisation und Projektmanagement. Berlin, Heidelberg: Springer.

Bridges, W. (1991). Managing Transitions. Reading, Massachusetts: Perseus.

Bridges, W. (2004). Transitions: Making Sense of Life's Changes. Boston: Massachusetts: Da Capo Press.

Bullock, R. J., Batten, D. (1985). It's just a phase we're going through: a review and synthesis of OD phase analysis. Group & Organization Studies, 10(4), S. 383–412.

Burke, W. W., Litwin, G. H. (1992). A causal model of organizational performance and change. Journal of management, 18(3), S. 523–545.

Cameron, E., Green, M. (2015). Making sense of change management: A complete guide to the models, tools and techniques of organizational change. London/Philadelphia: Kogan Page Publishers.

Cameron, E., Green, M. (2019). Making sense of change management: A complete guide to the models, tools and techniques of organizational change. London/Philadelphia: Kogan Page Publishers.

Carnall, C.A. (2007). Managing Change. In Organizations. London: Pearson Education.

Damanpour, F. (1991). Organizational innovation: A meta-analysis of effects of determinants and moderators. Academy of management journal, 34(3), S. 555–590.

Dunphy, D., Stace, D. (1993). The Strategic Management of Corporate Change. Human Relations, 46(8), S. 905–946.

Doppler, K., Lauterburg, C. (1996). Change Management. Den Unternehmenswandel gestalten. 5. Auflage. Frankfurt a. M.: Campus.

Garvin, D. A. (2003). Learning in action: A guide to putting the learning organization to work. In Harvard Business Review Press.

Greif, S., Runde, B., Seeberg, I. (2004). Erfolge und Misserfolge beim Change Management. Göttingen: Hogrefe Verlag.

Greiner, L. (1978). Patterns of Organisation Change, in: Classics of Organisational Behaviour. Boston, Massachusetts: Cengage learning.

Harris, R. T., Beckhard, R. (1987). Organizational transitions: Managing complex change. Reading, Massachusetts: Addison-Wesley Publishing Company.

Hofert, S., Thonet, C. (2019). Der agile Kulturwandel. Wiesbaden: Springer Fachmedien.

Hughes, M. (2017). Raymond Caldwell: Agency and Change in Organizational Theory. In: The Palgrave Handbook of Organizational Change Thinkers, S. 249–267. New York: Palgrave Macmillan.

Jick, T. (1991). Implementing change: note. In: Harvard Business School Publishing.

Kanter, R.M. (1999). Change is everyone's job. Managing the extended enterprise in a globally connected world. Organizational Dynamics, 28(1), S. 6–18.

Kotter, J. P. (1995). Leading change: Why transformation efforts fail. In: Harvard Business Manager, März-April, S. 56–67.

Kotter, J. P. (2011). Leading change: Wie sie Ihr Unternehmen in acht Schritten erfolgreich verändern. München: Vahlen.

Kotter, J. P. (2015). Accelerate: Strategischen Herausforderungen schnell, agil und kreativ begegnen. München: Vahlen.

Kotter, J. P., Akhtar, V., Gupta, G. (2021). Change: How organizations achieve hard-to-imagine results in uncertain and volatile times. Hoboken: John Wiley & Sons.

Krüger, W. (2009). Strategische Erneuerung: Probleme, Programme und Prozesse. Excellence in Change. Wege zur strategischen Erneuerung. 4. überarbeitete und erweiterte Auflage. Wiesbaden: Gabler.

Kübler-Ross, E. (1969). On Death and Dying: What the Dying Have to Teach Doctors, Nurses, Clergy and Their Own Families. New York: Taylor & Francis.

Lewin, K. (1946). Resolving social conflicts. Selected papers on group dynamics. New York: Harper.&Row.

Lewin, K. (1947), Group decision and social change, Readings in Social Psychology, Vol. 3, S. 459–473.

Lewin, K (1951) Field Theory in Social Science. New York: Harper & Row.

Luecke, R. (2003). Managing Change and Transition. Boston, Massachusetts: Harvard Business School Press.

Mento, A., Jones, R., Dirndorfer, W. (2002). A change management process: Grounded in both theory and practice. Journal of Change Management, 3(1), S. 45–59.

Müller-Stewens, G., Lechner, C. (2016). Strategisches Management: Wie strategische Initiativen zum Wandel führen. 5. Auflage. Stuttgart: Schäffer-Poeschel.

Nadler, D. A. (1988). Organizational frame bending: Types of change in the complex organization. Corporate transformation: Revitalizing organizations for a competitive world. San Francisco: Jossey-Bass.

Nadler, D., Tushman, M. (1997). Competing by Design: The Power of Organizational Architecture. London: Oxford University Press.

Peters, T.J., Waterman, R.H. Jr (1982). In Search of Excellence – Lessons from America's Best-Run Companies. New York: Harper Collins Publishers.

Poppelreuter, S. (2012). »Damit der Ruf nicht ruiniert wird «–Veränderungsprozesse im Reputation Management erfolgreich gestalten. In: Corporate Reputation Management, S. 135–145. Wiesbaden: Springer.

Prosci (2020). Focusing on the people side of change, https://www.prosci.com/adkar, abgerufen am 12.12.2020.

Reichard, J. (2019). Konzept einer Nachfolgeregelung in einem mittelständischen Unternehmen unter Beachtung des Change-Management-Ansatzes. In: Aspekte des Innovations- und Changemanagements, S. 263–289. Wiesbaden: Springer.

Rosenbaum, D., More, E., Steane, P. (2018). Planned organisational change management: Forward to the past? An exploratory literature review. Journal of Organizational Change Management.

Samal, A., Chatterjee, D. (2020). Rethinking Organizational Change: Towards a Conceptual Framework. South Asian Journal of Management, 27(2).

Sastry, M. A. (1997). Problems and paradoxes in a model of punctuated organizational change. Administrative Science Quarterly, S. 237–275.

Schaub H. (2009) Nachfolgeplanung in KMU. Bern: Haupt.

Senge, P.M., Roberts, C., Ross, R., Roth, G., Smith, B. (1999). The Dance of Change: A Fifth Discipline Resource. London: Nicholas Brealey.

Shaw, P. (2002). Changing conversations in organizations: A complexity approach to change. London: Routledge.

Stacey, R. D. (2001). Complex responsive processes in organizations: Learning and knowledge creation. London: Psychology Press.

Streich, R. K., (1997). Veränderungsprozessmanagement. In: Reiß, M., Von Rosenstiel, L., Lanz, A. (Hrsg.). Change Management: Programme, Projekte und Prozesse, 1, S. 237–254. Stuttgart: Schäffer-Poeschel.

Strikker, F., Bongartz, K. (2006). Erfolgsfaktoren für Change-Prozesse: Umgang mit Kommunikation und Paradoxien. In: Laske, S./Orthey, A./Schmid, M. (Hrsg.). Handbuch PersonalEntwickeln (106. Ergänzungslieferung). Köln: Deutscher Wirtschaftsdienst.

Taffinder, P. (1999), Big Change: A Route-Map for Corporate Transformation. New York: John Wiley & Sons incorporated.

Todnem, R. (2005). Organisational change management: A critical review. Journal of change management, 5(4), S. 369–380.

Tuckmann, B. W. (1965). Developmental sequences in small groups. Psycholgogical Bulletin. 65, S. 384–399.

Tichy, N. M., DeRose, C. (2003). The death and rebirth of organizational development. Organization C 21, S. 155–173.

Walter, B. L. (2017). Change Management und CSR-Kommunikation. In: CSR und Interne Kommunikation, S. 103-114. Berlin, Heidelberg: Springer.

Werther, S., Jacobs, C., Brodbeck, F. C., Kirchler, E., Woschée, R. (2014). Organisationsentwicklung – Freude am Change. Berlin, Heidelberg: Springer.

Stichwortverzeichnis

Die Autorin

Heike Pröbstl verfügt über einen Master of Arts in Business Coaching & Change Management. Sie ist als systemische Beraterin für Organisationsentwicklung und Change Management sowie als Businesscoach und Businesstrainer ausgebildet.

Beruflich ist sie in einem internationalen Beratungsunternehmen mit Personalverantwortung tätig und beschäftigt sich in diesem Zusammenhang unter anderem mit Veränderungsprozessen, Change Management, Organisations- und Kulturentwicklung, Mitarbeiterführung sowie Businesscoaching und in projektorientierter, oftmals crossfunktionaler Kundenarbeit mit der Gestaltung von Benefits-Konzepten zur Mitarbeiterbindung sowie zur Steigerung des Unternehmensimage im Recruiting und mit der Lösungsentwicklung für betriebswirtschaftliche Problemstellungen.

Ihre Passion ist es, Organisationen im aktuellen Paradigmenwechsel zu neuen Möglichkeiten zu verhelfen und Veränderungen zu unterstützen. Dabei fließen Erfahrungswerte aus ihrem bisherigen beruflichen Werdegang in kleinen, mittleren und internationalen Unternehmen von 20 bis 180 000 Mitarbeitenden ein.

PI13792807
9829826